# RISCOS HÍBRIDOS
concepções e perspectivas socioambientais

Francisco Mendonça (organizador)
Elaiz Aparecida Mensch Buffon
Guillaume Fortin
Jose Luís Zêzere
Lutiane Queiroz de Almeida
Norma Valencio
Raquel Melo

Copyright © 2021 Oficina de Textos

Grafia atualizada conforme o Acordo Ortográfico da Língua
Portuguesa de 1990, em vigor no Brasil desde 2009.

**Conselho editorial**  Arthur Pinto Chaves; Cylon Gonçalves da Silva; Doris C. C. K. Kowaltowski; José Galizia Tundisi; Luis Enrique Sánchez; Paulo Helene; Rozely Ferreira dos Santos; Teresa Gallotti Florenzano

**Capa e projeto gráfico** Malu Vallim
**Diagramação e preparação de figuras** Victor Azevedo
**Preparação de textos** Natália Pinheiro
**Revisão de textos** Renata de Andrade Sangeon
**Impressão e acabamento** BMF gráfica e editora

**Dados Internacionais de Catalogação na Publicação (CIP)**
**(Câmara Brasileira do Livro, SP, Brasil)**

Riscos híbridos : concepções e perspectivas socioambientais / Elaiz Aparecida Mensch Buffon ... [et al.] ; organização Francisco Mendonça. -- 1. ed. -- São Paulo : Oficina de Textos, 2021.

    Outros autores : Guillaume Fortin, José Luís Zêzere, Lutiane Queiroz de Almeida, Norma Valencio, Raquel Melo.

Bibliografia
ISBN 978-65-86235-23-4

    1. Geociências 2. Geografia 3. Meio ambiente 4. Riscos ambientais 5. Sustentabilidade ambiental I. Fortin, Guillaume. II. Zêzere, José Luís. III. Almeida, Lutiane Queiroz de. IV. Valencio, Norma. V. Melo, Raquel.

21-67371      CDD-304.2

**Índices para catálogo sistemático:**
1. Sustentabilidade ambiental : Ecologia 304.2

Aline Graziele Benitez - Bibliotecária - CRB-1/3129

Todos os direitos reservados à Editora Oficina de Textos
Rua Cubatão, 798
CEP 04013-043  São Paulo  SP
tel. (11) 3085-7933
www.ofitexto.com.br
e-mail: atend@ofitexto.com.br

# os autores

*Elaiz Aparecida Mensch Buffon*
Doutora em Geografia pela Universidade Federal do Paraná (UFPR). Foi pesquisadora no Laboratório de Climatologia da UFPR no período de 2014 a 2020, e atualmente desenvolve pesquisas nas áreas de Geografia e Educação, com ênfase nas temáticas de Inundações Urbanas, Vulnerabilidades e Risco de Desastres, Clima Urbano, Meio Ambiente, Planejamento Urbano, Geotecnologias, Geografia da Saúde e Tecnologias Educacionais.

*Francisco Mendonça*
Doutor em Ciências/Geografia Física pela Universidade de São Paulo (USP), com pós-doutorado pela Université de Sorbonne, Université de Haute Bretagne/Rennes II (França) e Universidad de Santiago (Chile), e pesquisador visitante na London School of Hygiene & Tropical Medicine (Inglaterra). É professor titular na UFPR desde 2000. Foi presidente da Associação Brasileira de Climatologia (ABClima), da Association Internationale de Climatologie (AIC) e da Associação Nacional de Pós-Graduação e Pesquisa em Geografia (ANPEGE), e membro da direção da Associação Nacional de Pós-Graduação e Pesquisa em Ambiente e Sociedade (ANPPAS) e da Comissão de Climatologia da União Geográfica Internacional (CoC-UGI). Atualmente é membro do Conselho Técnico-Científico do Centro Nacional de Monitoramento e Alerta de Desastres Naturais (CTC-CEMADEN), atuando nas seguintes temáticas: Clima Urbano, Clima e Saúde, Ambiente Urbano, Riscos/Vulnerabilidades/Resiliência Ambiental, Epistemologia da Geografia. É pesquisador 1-A do CNPQ desde 2013.

## Guillaume Fortin

PhD em Ciências da Água pelo Institut National de la Recherche Scientifique – Centre Eau Terre Environnement, da Université du Québec, e desde 2005 atualmente leciona Geografia e Meio Ambiente na Université de Moncton (New Brunswick, Canadá). Seus interesses de pesquisa profissional focam em Climatologia Aplicada, Hidrologia de Bacias Hidrográficas e Riscos Naturais em relação às Mudanças Climáticas; seus projetos atuais incluem mapeamento de risco de inundação no Brasil, na França e no Canadá. Além disso, atua como coordenador do Mestrado em Estudos Ambientais da Université de Moncton desde 2017. Foi professor/pesquisador convidado da Université Joseph-Fourier (Grenoble, França), Université Rennes II (França), Universidade Federal do Paraná e Universidade Estadual de Londrina (Brasil). É membro da União Geográfica Internacional (Comissão do Clima) e ex-conselheiro da Association Internationale de Climatologie (2012-2018).

## Jose Luís Zêzere

Doutor em Geografia Física, é professor catedrático do Instituto de Geografia e Ordenamento do Território da Universidade de Lisboa, além de investigador do Centro de Estudos Geográficos e coordenador do grupo de investigação Avaliação e Gestão de Perigosidades e Risco Ambiental (RISKam). Vice-Presidente do European Centre on Geomorphological Hazards (CERG), do Conselho da Europa, e membro regular da European Geosciences Union (EGU), suas principais áreas de investigação são Análise de Risco, Avaliação e Mapeamento de Perigosidades, Avaliação da Exposição e Vulnerabilidade, Ordenamento do Território e Gestão de Emergências. É autor/coautor de 80 artigos publicados em revistas internacionais indexadas na Web of Science e supervisor de 12 teses de doutoramento e 20 dissertações de mestrado.

## Lutiane Queiroz de Almeida

Doutor em Geografia pela Universidade Estadual Paulista (UNESP), com período sanduíche na Université de Paris X, e bolsista da Fundação de Amparo à Pesquisa do Estado de São Paulo (FAPESP). Atualmente é professor associado do Departamento de Geografia da Universidade Federal do Rio Grande do Norte (UFRN) e coordenador do grupo de pesquisa GeoRISCO – Dinâmicas Ambientais, Riscos e Ordenamento do Território. Recebeu o Prêmio de Melhor Tese pela Associação Nacional de Pós-Graduação e Pesquisa em Geografia (ANPEGE) em 2011 e o Prêmio CAPES de Teses na área de Geografia em 2012. Em 2014/2015, realizou pós-doutorado na United Nations University (Bonn) e período complementar no Institute of Spatial and Regional Planning da University of Stuttgart (Alemanha) na condição de bolsista CAPES de pós-doutorado (Ciência sem Fronteiras). Tem experiência na área de Geografia Física, com ênfase em Planejamento Ambiental, atuando principalmente nos seguintes temas: Análise Geoambiental, Problemática Ambiental Urbana, Rios Urbanos e Bacia Hidrográfica e Planejamento Ambiental e Territorial, mas principalmente em Indicadores de Riscos e Vulnerabilidades, Desastres Naturais, e Mapeamento e Modelagem de Riscos.

## *Norma Valencio*

Doutora em Ciências Humanas/Ciências Sociais. É professora sênior junto ao Departamento e ao Programa de Pós-Graduação de Ciências Ambientais da UFSCar e professora colaboradora do Programa de Pós-Graduação Interdisciplinar em Ciências Humanas e Sociais Aplicadas da Unicamp. Fundou o grupo de pesquisa Sociedade e Recursos Hídricos, do qual hoje é vice líder, e é vice-coordenadora do Núcleo de Estudos e Pesquisas Sociais em Desastres (NEPED) do DCAm/UFSCar. É bolsista do NPQ e atua no estudo de desastres e crises correlatadas a partir da abordagem da complexidade.

## *Raquel Melo*

Doutora em Geografia Física pelo Instituto de Geografia e Ordenamento do Território da Universidade de Lisboa (IGOT-UL), investigadora do Centro de Estudos Geográficos e membro do grupo de investigação Avaliação e Gestão de Perigosidades e Risco Ambiental (RISKam). É membro regular da European Geosciences Union. Suas principais áreas de investigação são: Avaliação e Mapeamento de Perigosidades, Modelação Estatística e Determinística (estática e dinâmica) e Ordenamento do Território.

# Prefácio

— Fio, fais um zóio de boi lá fora pra nóis.
O menino saiu do rancho com um baixeiro na cabeça, e no terreiro, debaixo da chuva miúda e continuada, enfincou o calcanhar na lama, rodou sobre ele o pé, riscando com o dedão uma circunferência no chão mole – outra e mais outra. Três círculos entrelaçados, cujos centros formavam um triângulo equilátero.
Isto era simpatia para fazer estiar. E o menino voltou:
— Pronto, vó.
[...]
O teto agora começava a desabar, estralando, arriando as palhas no rio, com um vagar irritante, com uma calma perversa de suplício. Pelo vão da parede desconjuntada podia-se ver o lençol branco – que se diluía na cortina diáfana, leitosa do espaço repleto de chuva – e que arrastava as palhas, as taquaras da parede, os detritos da habitação. Tudo isso descia em longa fila, aos mansos boléus das ondas, ora valsando em torvelinhos, ora parando nos remansos enganadores. A porta do rancho também ia descendo. Era feita de paus de buritis amarrados por embiras.
Quelemente nadou, apanhou-a, colocou em cima a mãe e o filho, tirou do teto uma ripa mais comprida para servir de varejão, e lá se foram derivando, nessa jangada improvisada.

Bernardo Élis – fragmentos do conto *Nhola dos Anjos
e a cheia do Corumbá*

Nhola, seu filho, seu neto e o cão morrem todos naquela chuvarada causada por uma "tromba d'água" no conto do Bernardo Élis (epígrafe acima). A descrição é emocionante e muito real, fato que, além da qualidade literária do conto, rendeu ao autor inúmeras premiações. O fenômeno climático-meteorológico descrito é, todavia, um acontecimento comum ou habitual aos climas tropicais úmidos, com chuvas de verão por vezes altamente concentradas no tempo e no espaço. Essa é uma característica dominante das paisagens da maior parte do território brasileiro.

O conto desperta muita atenção tanto por revelar a rapidez e intensidade da chuva que cai, fazendo com que o nível das águas do rio suba em questão de minutos, quanto pela simplicidade e pobreza do casebre e dos personagens arrolados. Ainda que a mágica da narrativa literária nos prenda de chofre, e mesmo de forma impactante, o fenômeno e seus impactos não constituem novidade nem surpresa, pois são altamente recorrentes em diferentes localidades do país.

A narrativa nele desenvolvida acentua, ou torna evidente, o fato de que grande parte da população dos países tropicais úmidos está permanentemente exposta a uma série de ameaças e perigos derivados muitas vezes dos eventos extremos da natureza. O autor não evoca o emprego do termo *risco* em nenhum momento, talvez mesmo pela perspectiva literária da narrativa; todavia, o que o fato descrito revela é uma situação do que a linguagem técnico-científica, e mesmo a coloquial, convencionou chamar de risco natural.

Os riscos possuem diferentes origens e concepções e são de vários tipos. Uma apreciação contemporânea do termo evidencia que estão e sempre estiveram presentes nas mais diferentes sociedades, pois, toda vez que um grupo social aventura-se a ultrapassar os limiares do mundo conhecido ou se expõe a um dado fenômeno/evento extremo, ele se coloca suscetível a impactos de perigos variados, daí a formação das situações de risco. Essa é a temática central dos textos que compõem a presente obra.

Na sociedade moderna, os riscos tornaram-se tema de interesse geral, tendo adquirido considerável importância na pauta da ciência, da técnica-tecnologia, da gestão governamental e das políticas ambientais e de desenvolvimento em todo o mundo. Nesse contexto, o conhecimento da formação de situações de riscos gerais tornou-se um imperativo a grupos sociais, instituições e empresas, posto que somente com o diagnóstico e monitoramento desses riscos podem ser implementadas medidas de prevenção e controle para eles. Essa perspectiva marca com forte evidência a busca da sociedade e dos governantes comprometidos com a qualidade de vida da população pela superação de um contexto histórico de predomínio de ações remediativas para alcançar um futuro de ações preventivas ante os impactos derivados dos riscos sobre a sociedade.

Um dos mais relevantes fatores a marcar a rápida e profunda ascensão da temática aos fóruns mundiais é aquele relacionado tanto ao incremento populacional no planeta quanto à transição demográfica registrada a partir de meados do século XX. Em havendo mais indivíduos expostos aos riscos, entende-se, com certa obviedade, que os impactos desses riscos acometerão um número cada vez maior de pessoas, ou seja, é consensual conceber que existe uma certa relação entre o aumento de vitimados pelos perigos socioambientais e o aumento da população nos mais diferentes lugares. É certo, entrementes, que esse impacto é bastante variado e está na dependência de uma série de condições sociais resultantes de aspectos relacionados à economia, à escolaridade, à cultura etc., que formam um conjunto de características agrupadas, genericamente, na perspectiva da vulnerabilidade socioambiental das populações aos riscos.

No âmbito da transição demográfica, colocamos em destaque o fenômeno da urbanização, fato identitário do século XX, dado seu exacerbado dinamismo nessa fase da história. Os impulsionadores desse fenômeno são variados, e não vem ao caso evocá-los aqui; o que nos desperta a reflexão é a sua complexa e caótica expressão nos países não desenvolvidos, ou no Sul global, o que Milton Santos concebeu como "urbanização corporativa". Sua magnitude é de tal dimensão que levou François Ramade a interpretar a urbanização, já nos anos 1980, como uma catástrofe ecológica, sendo que sua ocorrência no mundo não desenvolvido parecia a esse pensador um problema que não só se intensificaria como sairia totalmente do controle no futuro do século XXI.

A urbanização por si só não constitui um problema quando se consideram os problemas socioambientais urbanos, tampouco o crescimento demográfico em si. É a partir da forma como esses fenômenos se processam no espaço e no tempo, especialmente quando derivados da exclusão e da segregação socioespacial inerentes ao capitalismo e à globalização, com a consequente ocupação concentrada de populações em áreas de risco, que a urbanização se torna realmente muito mais complexa e de difícil gestão.

Nesse sentido, o conto de Bernardo Élis nos soa como uma ilustração da perversa realidade que paira na Modernidade: a pobreza como a principal vítima dos impactos derivados dos riscos, sejam eles naturais, sociais ou tecnológicos – ela os acentua e os torna mais difíceis de controlar! Sabendo que a miséria e a pobreza têm se intensificado no mundo no contexto da globalização, estima-se que o número de vitimados pelos desastres naturais, pelos conflitos sociais e pelo emprego inconsequente da tecnologia, os quais resultam em riscos gerais, tende a aumentar no planeta doravante. Tal situação apela aos gestores das áreas urbanas e rurais e aos políticos representantes de governos e estados que implementem ações em caráter de urgência na perspectiva da redução dos impactos e danos decorrentes dos riscos.

No final do outono de 2019, pudemos organizar uma Escola de Verão sobre o tema "Riscos socioambientais urbanos" junto ao Programa de Pós-Graduação em Geografia da Universidade Federal do Paraná (UFPR). Para ministrar as aulas e conduzir as demais atividades dessa escola, convidamos colegas do Brasil e do exterior a aportarem seus conhecimentos e suas experiências ao tema. Na sequência, solicitamos que organizassem o conteúdo de suas aulas na forma de textos, e esses documentos formam os capítulos da presente obra.

Advertimos aos leitores, assim, que os textos aqui apresentados não possuem nenhum fio condutor e nenhuma amarração entre si; o que os une é exatamente a temática de riscos, aqui tratada como uma revelação clara da polissemia que envolve esse termo e de suas várias possibilidades de abordagem. Ao evidenciarem aproximações conceituais, metodológicas e técnicas, especialmente a partir de estudos de casos, os autores ilustram possibilidades de acercamento ao tema, jamais um esgotamento no seu tratamento.

O convite à apreciação dos textos está lançado. Nossa perspectiva é de que este livro possa ser útil aos envolvidos no tema dos riscos, ao qual estão atreladas a vulnerabilidade e a resiliência, ao mesmo tempo que os textos possam alimentar os debates e o avanço do conhecimento e das políticas públicas voltadas à prevenção dos riscos.

*Francisco Mendonça*
*Curitiba (PR)*
*Outubro de 2020*

# Sumário

**1 Riscos híbridos ................................................. 13**
    **1.1** Riscos: polissemia, abrangência e tipologia ............... 16
    **1.2** Riscos híbridos: indicadores e gestão integral
          de desastres .................................................................. 25
    **1.3** Sintetizando a abordagem .......................................... 35
          Referências bibliográficas .......................................... 37

**2 Índice DRIB – indicadores de risco de desastres
e mudanças climáticas no Brasil ................... 39**
    **2.1** Conceito ....................................................................... 40
    **2.2** Dados e métodos ......................................................... 42
    **2.3** Discussão ..................................................................... 56
    **2.4** Conclusões ................................................................... 56
          Referências bibliográficas .......................................... 58

**3 Riscos hidrometeorológicos: exemplos do
leste do Canadá ............................................. 60**
    **3.1** Riscos hidrometeorológicos no Canadá ...................... 62
    **3.2** Conclusão ..................................................................... 74
          Agradecimentos ........................................................... 76
          Referências bibliográficas .......................................... 76

**4 Deslizamentos superficiais e escoadas
de detritos: caracterização dos processos e
avaliação da suscetibilidade à ruptura
e à propagação ............................................... 81**
    **4.1** Deslizamentos superficiais e escoadas de detritos:
          caracterização dos processos ...................................... 83

4.2 Causas dos movimentos de vertente: fatores condicionantes (de predisposição e preparatórios) e fatores desencadeantes ........ 91
4.3 Avaliação da suscetibilidade à ruptura e à propagação dos deslizamentos superficiais e escoadas de detritos ........ 96
4.4 Conclusão ........ 105
Referências bibliográficas ........ 107

**5 Dos riscos emergentes aos desastres recorrentes: os desafios de segurança ontológica ante uma gestão pública obtusa ........ 112**
5.1 O reconhecimento institucional do campo de lutas como alimento da democracia ........ 113
5.2 Proteção civil: sem as balizas de uma comunidade política ampliada, não há proteção ........ 118
5.3 Modos de enunciação do problema: as armadilhas das classificações de desastres ........ 123
5.4 Experiências de proximidade crítica ........ 124
5.5 Ciência, ética e reflexividade ........ 128
5.6 O que o panorama contemporâneo revela sobre riscos de desastres ........ 131
5.7 Conclusões ........ 135
Agradecimentos ........ 139
Referências bibliográficas ........ 140

[ As figuras com o símbolo ◩ são apresentadas em versão colorida no final do livro. ]

# um

## Riscos híbridos

*Francisco Mendonça*
*Elaiz Aparecida Mensch Buffon*

Os riscos sempre estiveram presentes nas mentes dos homens e suscitam preocupações às sociedades humanas desde os primórdios da humanidade. Toda vez que um indivíduo ou um dado grupo social se sentiu ou percebeu estar em situação de perigo ou sob alguma ameaça à sua segurança física, psíquica ou cultural, ele se encontrou numa dada condição de risco, mesmo que não o tenha assim concebido.

A ideia de risco tomou vulto e impregnou-se na civilização ocidental desde a Grécia Clássica, momento no qual os registros dos sentidos humanos atribuídos à realidade, visando construir uma compreensão do universo, resultaram no nascimento de uma nova forma de relação entre os homens, e entre estes e o ambiente circundante. Ao tentar avançar em todas as dimensões têmporo-espaciais desconhecidas ou não codificadas, as sociedades sempre se colocaram em situações de insegurança, condição que, por si só, desestabiliza a fase anterior, mas serve de impulso para testar o novo. Numa dada condição, entende-se que o avanço do conhecimento e da expansão territorial humana sempre se fez num paradoxo processo entre a segurança do vivido e a incerteza do desconhecido, ou seja, os avanços gerais registrados pelas mais diferentes sociedades sempre se fizeram no contexto de riscos generalizados.

Giddens (2004) e Ranzi (2014) ressaltam a necessidade de se compreender a construção da ideia de risco no processo de formação e desenvolvimento da civilização ocidental. O segundo autor, em especial, nos aponta a "medida do exagero" presente nas atividades e ações humanas toda vez que estas excedem a sensação de segurança concebida por um dado indivíduo ou coletividade. Assim, e pensando nos riscos de maior abrangência populacional ao longo da história do Ocidente, podem-se conceber tanto as influências dos macroprocessos naturais, sociais, políticos e econômicos que impactaram de tal maneira a Grécia Clássica, a Roma Antiga, a Medievalidade e o Mercantilismo, quanto o estruturante Capitalismo/Estado-Nacional etc., que acabaram por alterar esses sistemas de forma profunda.

Dessa maneira, concebe-se que os riscos não configuram nenhuma novidade enquanto perspectiva e construção ontológica; eles fazem parte da história da humanidade. É claro que sua dimensão desperta maior atenção nas sociedades mais contemporâneas, devido aos impactos associados que se manifestam de maneira mais abrangente quanto mais se analisa o momento presente, embora o dimensionamento dos impactos de grandes fenômenos que se manifestam sobre os grupos humanos tenha seu peso no próprio contexto histórico no qual eles acontecem. Dito de outra maneira, não é o fato de um cataclisma impactar mais pessoas no presente momento que o torna mais importante, mas sim o percentual de pessoas atingidas por ele num dado momento, ou seja, é a sua magnitude que o destaca dos demais. Entrementes, o número de vitimados gerais por fenômenos excepcionais tem aumentado sobremaneira, fato decorrente, sobretudo, do crescimento e adensamento populacional registrado no último século e da intensificação da pobreza e miserabilidade em parcela considerável da humanidade.

A noção de risco torna-se importante na atualidade devido à complexificação e intensificação dos problemas dele derivados, e também pela abrangência que esses problemas tomaram nas décadas mais recentes. Muitas questões envolvem essa constatação, especialmente quando se analisa a imbricação entre a aceleração das mudanças ambientais, notadamente as mudanças climáticas globais, e o processo de globalização, que se intensificou sobremaneira nos últimos cinquenta anos. Há uma profunda e explícita interação entre natureza e sociedade na superfície da Terra, no âmbito do que mais recentemente se concebeu denominar Antropoceno ou Ecosfera, posto que os resultados da intensa atividade humana se fazem cada vez mais presentes e mais impactantes nos processos derivados do jogo de matéria e energia do Universo.

Trata-se, portanto, de uma temática e uma preocupação internacional de nosso tempo que atingiu, em praticamente todos os países e organizações internacionais, a esfera do poder político. Essa dimensão emana da necessidade de se tomar medidas, tanto corretivas/remediativas quanto preventivas, voltadas à segurança de populações em face da intensificação dos impactos gerais decorrentes dos desastres naturais cada vez mais numerosos registrados em todas as partes do planeta. O gigantesco tsunami ocorrido no Oceano Pacífico no início dos anos 2000 resultou num quadro generalizado de elaboração de políticas estatais em muitos países, visando arregimentar serviços e ações para enfrentar o desafio envolvido na ocorrência de riscos gerais.

No Brasil, desde 2003, tal repercussão se alinhou a essa perspectiva global, quando o Ministério da Saúde implantou uma comissão para estudar e elaborar um plano geral de riscos para o país. O resultado do trabalho deu origem ao VIGIDESASTRES, serviço de vigilância a desastres, primeiramente no âmbito do Ministério da Saúde e, posteriormente, ampliado para o Ministério do Meio Ambiente. Na sua sequência, em virtude da intensificação dos impactos de outros desastres naturais no país, em especial os gigantescos deslizamentos de terra associados a chuvas torrenciais excepcionais na Serra do Mar (RJ) em 2011, o Governo Federal lançou um Programa Nacional para a Prevenção e o Controle de Desastres Naturais (2012). A criação do Centro Nacional de Monitoramento e Prevenção de Desastres Naturais (CEMADEN), em 2016, explicitou o desencadeamento de ações institucionais para tratar diretamente do tema, nas três unidades da federação.

Para tratar dos riscos, especialmente quando se pensa em gestão de riscos, deve-se concebê-los como parte de uma tríade formada também por vulnerabilidade e resiliência. Nessa perspectiva, são envolvidas não só as concepções teórico-conceituais e metodológicas dos termos em uso, mas também suas aplicabilidades e resultados no âmbito da gestão dos desastres que acometem a sociedade. Assim, abrangem-se no processo de gestão de riscos tanto os indivíduos quanto as instituições, tanto as concepções científico-técnicas quanto as da gestão pública e privada dos ambientes, e tanto os saberes acadêmicos quanto os das comunidades envolvidas nos desastres.

Neste texto, o enfoque principal da abordagem dos riscos coloca em destaque o fato de tratar-se de um termo polissêmico, e discute alguns conceitos e suas aplicações na gestão territorial. Para além de uma discussão conceitual, o enfoque aqui desenvolvido coloca em evidência um estudo de caso, a título de exemplo, com o objetivo de ilustrar a argumentação apresentada, resultante de estudos realizados na Região Metropolitana de Curitiba (PR). Com isso, o risco de inundações em áreas urbanas apresentado permite vislumbrar em detalhes o intento de conceber os riscos como processos híbridos. Assim, no centro e como fim da abordagem, encontram-se a apresentação e a argumentação da ideia de risco híbrido como construção pertinente à concepção de risco na sua dimensão holística e complexa.

## 1.1 Riscos: polissemia, abrangência e tipologia

A obra *Sociedade de risco* (Beck, 1992) apresenta uma instigante leitura da sociedade frente à união do capitalismo com o desenvolvimento tecnológico, rumo a outra modernidade. O autor concebe a modernização como um "salto tecnológico de racionalização e a transformação do trabalho e da organização" que proporcionou a passagem para uma modernidade tardia, contexto em que "a produção social de riqueza é acompanhada sistematicamente pela produção social de riscos".

Essa interpretação revela o fato que a sociedade industrial é, ao mesmo tempo, produto de uma riqueza e produtora de uma sociedade desigual. Assim, nota-se um *efeito bumerangue* (Beck, 1992), pois muitos dos novos riscos escapam inteiramente à capacidade perceptiva humana imediata, uma vez que são resultantes da modernização e portadores de efeitos incalculáveis e imprevisíveis.

Berman (1996) considerou que a formação da modernidade teve início por volta do século XIV, tendo se consolidado em três distintas fases, sendo que ela teria se explicitado em sua concretude na terceira fase, com a criação do Estado Nacional Moderno e toda a sua miríade de elementos constituintes. É nessa fase da História que os riscos se intensificaram sobremaneira, posto ser essa a fase da explosão demográfica mundial e do apogeu da industrialização. Todavia, Beck (1992), ao construir sua ideia de sociedade do risco, concebe essa terceira fase de Berman como subdividida em outras duas: o primeiro momento caracterizado pela industrialização, sociedade estatal e nacional e pleno emprego, e o segundo momento, a "modernidade reflexiva", em que as insuficiências e as antinomias da primeira tornam-se objeto de reflexão. Alguns grandes desastres em nível mundial, emergentes da sociedade industrial, são exemplos de grandes ameaças e riscos da modernização (Quadro 1.1).

A análise desses grandes desastres registrados após a Segunda Guerra Mundial, nos países desenvolvidos e/ou superpopulosos, constituiu elemento

**Quadro 1.1** Grandes desastres emergentes da sociedade industrial

| Desastre | Localização espaçotemporal |
| --- | --- |
| Hiroshima e Nagasaki | Nagasaki e Hiroshima, Império do Japão (1945) |
| Minamata | Minamata, Japão (1956) |
| Three Mile Island | Three Mile Island, Londonderry Township, Pensilvânia, EUA (1979) |
| Bhopal | Bhopal, Índia (1984) |
| Chernobyl | Pripyat, União Soviética, República Socialista Soviética da Ucrânia (1986) |

fundamental para a construção da obra *Sociedade de risco* (Beck, 1992), que, em sua essência, aponta a efetivação da globalização dos riscos civilizacionais. A abordagem geográfica da condição planetária dos riscos, nessa perspectiva, permite posicionamentos diferenciados, tais como o de Hogan e Marandola Jr. (2004), os quais frisam que há regiões de risco (*regions of risk*) e regiões em risco (*regions at risk*).

A formação de situações de risco é resultante de uma conjunção de fatores sociais, econômicos, culturais, demográficos e naturais que estão presentes nas relações entre os homens, os grupos sociais, e entre estes e a natureza. Hogan e Marandola Jr. (2004, p. 26) chamam atenção para a percepção dos riscos quando citam que "a incerteza, a insegurança e o medo parecem ter invadido nossas vidas, em todos os campos do dia a dia de nossa sociedade contemporânea nos sentimos indefesos e impotentes. Estamos constantemente em risco". De maneira ainda mais ampla, Slovic (2000) aponta a complexidade dessa percepção, visto que os contextos sociais onde esses riscos acontecem diferenciam sobremaneira suas concepções pelas diferentes populações.

Em 1986, após o acidente nuclear de Chernobyl, na Ucrânia, constatou-se que viver em risco é o que fazemos, e nesse contexto se inicia uma teoria política do conhecimento da sociedade de risco, denominada teoria da sociedade global dos riscos. A concepção de Beck (1992) ao defender essa teoria é de que a consciência do risco, por parte dos afetados, se exprime de diversas formas no movimento ambientalista, indo desde a crítica à indústria, aos especialistas e à civilização até a crítica às coisas.

Beck (1992) analisou os riscos com base na arquitetura social e na dinâmica política de potenciais autoameaças civilizatórias e os remeteu a cinco teses relativas a esse tema:

* Tese 1: "riscos da maneira como são produzidos no estágio mais avançado do desenvolvimento das forças produtivas [...]". Exemplos: radioatividade,

toxinas e poluentes presentes no ar, na água e nos alimentos, e os efeitos a curto e longo prazo sobre plantas, animais e seres humanos.
- Tese 2: "com a distribuição e o incremento dos riscos, surgem situações sociais de ameaça [...]". Exemplos: desigualdade de posições de estrato e classe sociais, ameaças à saúde, à legitimidade, à propriedade e ao lucro.
- Tese 3: "riscos da modernização são *big business*. Eles são as necessidades insaciáveis que os economistas sempre procuram [...]". Exemplos: produção de situações de ameaça e o potencial político da sociedade de risco pela sociedade industrial.
- Tese 4: "riquezas podem ser possuídas; em relação aos riscos, porém, somos afetados; ao mesmo tempo, eles são atribuídos em termos civilizatórios [...]". Exemplos: teoria do surgimento e da disseminação do conhecimento sobre riscos.
- Tese 5: "riscos socialmente reconhecidos, da maneira como emergem claramente, pela primeira vez [...]". Exemplos: ameaças com ingrediente político explosivo, ou seja, os efeitos colaterais sociais, econômicos e políticos de perdas de mercado, depreciação do capital, custos astronômicos e perda de prestígio.

Esse detalhamento dos riscos demonstra, segundo Beck, a efetivação do que Wynne (1987 apud Beck, 1992) chamou de "anormalidade normal", que marca a insegurança inerente ao processo de viver, algo que Fischer (Beck, 1992) também salientou, especialmente no século XXI, momento no qual os riscos modernos são diversos e crescentes.

O conceito de riscos elaborado por Beck (1992) indica que estes devem ser antecipados, ou seja, riscos são situações de destruição que ainda não ocorreram, mas que são iminentes. Depreende-se daí que a principal característica da sociedade do risco é a dinâmica tecnológica e organizacional da sociedade moderna, que acarreta perigos complexos, imprevisíveis e, alguns deles, incontroláveis, sendo efeitos colaterais da própria ação humana.

Mendonça (2011, 2014), ao constatar a considerável gama de concepções acerca do termo *risco*, salienta tratar-se de um termo polissêmico, visto que recebe abordagens conceituais nos diferentes campos do conhecimento e de atuações humanas. Por sua vez, Veyret e Richemond (2007, p. 25) enfatizam que o termo *risco* "designa, ao mesmo tempo, tanto um perigo potencial quanto sua percepção, e indica uma situação percebida como perigosa na qual se está ou cujos efeitos podem ser sentidos".

De fato, a vida humana está sempre envolta em situações de riscos; nesse sentido, Giddens (1995, p. 42) assinalou que

> uma pessoa que arrisca algo corteja o perigo [...]. Qualquer um que assume um "risco calculado" está consciente da ameaça ou ameaças que uma linha de ação específica pode pôr em jogo. Os riscos são aqueles perigos que decorrem de nossas ações. Toda ação implica decisão, escolha e aposta. Em toda aposta, há riscos e incertezas. Tão logo agimos, nossas ações começam a escapar de suas intenções; elas entram num universo de interações e o meio se apossa delas, contrariando, muitas vezes, intenção inicial.

Desse modo, em uma sociedade globalizada e dinâmica, os riscos são intermináveis e não podem ser encerrados nem esgotados. Os perigos fazem parte do passado, do presente e do futuro associados às sociedades humanas.

O risco, como um termo diretamente interligado à condição de perigo, é incerto quanto à sua origem, mesmo que apresente um conceito em todas as línguas europeias (Almeida, 2010). Spink (2001) relata que esse termo apresentou uma incorporação gradativa ao longo da história, com o primeiro uso de fatalidade à fortuna e, posteriormente, com o surgimento de *hazard* (século XII), perigo (século XIII), sorte e chance (século XV) e, por fim, risco (século XVI).

No âmbito científico, o conceito de risco coloca em evidência diferentes orientações epistemológicas, conforme pode ser vislumbrado no Quadro 1.2, sintetizado por Lieber e Romano-Lieber (2002).

A literatura mais recente acerca desse tema coloca em destaque que o risco é o resultado de uma construção social, visto que as forças físicas da natureza, sozinhas ou isoladamente, não são suficientes para se compreender o processo (Lieber; Romano-Lieber, 2002). A condição para que um dado fenômeno gerado pela natureza se converta em uma ameaça está na sociedade humana exposta ou sensível a ele. Assim é que, e evidenciando uma expressão extremamente simples, não existe risco para a natureza, nem para os artefatos tecnológicos, nem para o sobrenatural; risco é uma condição de exposição de uma sociedade a uma dada ameaça ou perigo, sendo, portanto, uma construção social.

Os fenômenos de ordem natural têm sua dinâmica marcada por processos que se manifestam de forma tanto abrupta quanto suave, rápida ou lentamente. A dinâmica, a alteração e a evolução da natureza não obedecem à lógica humana, que busca compreendê-los e controlá-los; quando acontecem de forma abrupta, rápida e violenta, sem impactar as diferentes sociedades, constituem fenômenos da própria natureza – ao que a ciência chama de eventos extremos ou situações

**Quadro 1.2** Tipologia do conceito de risco e suas implicações teóricas

| Referencial ontológico/epistemológico | | Conceito de risco | Perspectivas e teoria para entendimento | Questões fundamentais |
|---|---|---|---|---|
| Orientação | Pressupostos | | | |
| Realista/ objetivista | O mundo é uma realidade dada seguindo leis científicas imutáveis. | "Risco" é um perigo objetivo, que existe e pode ser medido à margem do processo social e cultural. | Objetivismo radical. | Qual é o "risco" existente? Qual a lei (causa/efeito) que pode ser deduzida? |
| Realista condicionado | | Idem, mas cuja interpretação pode ser distorcida ou enviesada conforme o contexto cultural e social. | Técnico-científico e a maioria das teorias em Ciência Cognitiva. | Idem. Como o "risco" deve ser administrado? Como o "risco" é racionalizado pelas pessoas? |
| Construcionismo + fraco | | "Risco" é um perigo objetivo, mediado necessariamente por um processo social e cultural e não pode ser estabelecido de forma isolada deste. | "Sociedade de risco". Estruturalismo crítico. Algumas aproximações na Psicologia. | Qual é a relação do risco com a estrutura e o processo da modernidade atual? Como o risco é entendido em diferentes contextos socioculturais? |
| | | | Cultural/simbólica. Estruturalismo funcional. Psicanálise. Fenomenologia. | Por que alguns perigos são tratados como riscos e outros não? Como o risco opera como uma medida de fronteira simbólica? Qual é a psicodinâmica das respostas dos riscos? Qual é o contexto situacional dos riscos? |
| + forte | | Não existe o "risco" por si mesmo. O que se entende por "risco" ou "perigo" é um produto construído, decorrente de uma contingência histórica, política e social. | Pós-estruturalismo. Teorias de "governabilidade". | Como os discursos e práticas no risco operam na construção da vida subjetiva e social? |

**Quadro 1.2** (Continuação)

| Referencial ontológico/epistemológico | | Conceito de risco | Perspectivas e teoria para entendimento | Questões fundamentais |
|---|---|---|---|---|
| Orientação | Pressupostos | | | |
| Relativista/ subjetivista radical | O mundo percebido decorre de um processo social de criação. As coisas existem a partir dos nomes | "Risco" e "perigo" são apenas formas de linguagem. | Relativismo radical. Contextualismo forte. | Qual é a realidade construída com o uso do termo "risco"? |

Fonte: adaptado de Lupton (1999 apud Lieber; Romano-Lieber, 2002, p. 80).

em desequilíbrio, entre outras denominações. Nessa condição, quando são registrados, eles são conhecidos apenas como fenômenos extremos da dinâmica da natureza da Terra e/ou do Universo (*natural hazards* – Monteiro, 1991); e, quando atingem as sociedades humanas e as impactam, são considerados fenômenos ameaçadores ou perigosos, sendo nessa situação que se formam os riscos naturais.

É em face desse complexo e rico cenário de tipologias e conceitos de riscos que Reis (2012) ressalta que eles devem ser classificados de acordo com sua área de incidência. Todavia, grande parte dos riscos, independentemente de sua classificação, são analisados evidenciando que a "possibilidade dos acontecimentos ou eventos futuros é definida a partir das probabilidades de ocorrência, calculada com base nos eventos do passado" (Lieber; Romano-Lieber, 2002, p. 69), como ressaltado no Quadro 1.2. Dessa forma, independentemente do conceito que se quer usar, torna-se imprescindível avaliar os riscos de forma a possibilitar seu enfrentamento e o planejamento das ações e respostas a eles.

A diversidade dos conceitos de risco, apoiada em diferentes referenciais, implica muitas dúvidas na utilização do termo em pesquisas científicas (Mendonça, 2014). Por esse ângulo, Rebelo (2010) evidencia que o termo *risco* é frequentemente acompanhado de outros, tais como gestão, redução, avaliação e conhecimento. A Fig. 1.1 mostra o fluxo nas análises de riscos, considerando a implementação desses conceitos.

Identificar a perspectiva de abordagem dos riscos é passo primordial para se adotar um conceito de risco dentro de uma pesquisa. Mendonça (2010) pondera que *risco* é um termo polissêmico e que, por exemplo, concerne à ciência geográfica a análise dos riscos em que a representação e a gestão são acompanhadas de uma dimensão espacial. Rebelo (2010) descreve a importância de diferenciar o risco do perigo, porque nem sempre o perigo consiste no risco, visto que a mani-

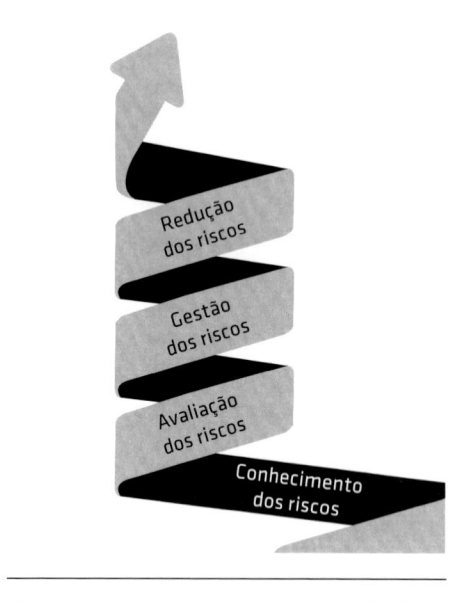

FIG. 1.1  *Abordagem científico-técnica dos riscos*

festação do perigo pode ser controlada, ou mesmo o fenômeno que simboliza o perigo pode apresentar um recuo.

Hogan e Marandola Jr. (2004) salientam que primeiramente os riscos eram apenas discutidos na sua dimensão ambiental, e somente mais tarde é que se começou a empregar a dimensão socioeconômica. A área de Geografia foi uma das pioneiras a trabalhar riscos e vulnerabilidades em sua dimensão ambiental. Nesse campo do conhecimento, os trabalhos tinham como principal linha de investigação os perigos naturais (*natural hazards*) tais como inundações, deslizamentos, erupções vulcânicas, terremotos, entre outros. Essa característica da Geografia, um campo do conhecimento marcado pela clássica abordagem da relação sociedade-natureza, coloca em evidência, desde seus primórdios, os problemas advindos dessa relação e que se agudizaram ao longo do século XX, entre eles os riscos naturais (Mendonça, 1993).

Conhecer a probabilidade de ocorrência desses fenômenos era fundamental, fato que derivou no processo de avaliação do risco (*risk assessment*). Trata-se de uma abordagem científica que tem como objetivo a identificação, a caracterização e a quantificação do risco (Slovic, 2000). Os riscos são abordados basicamente em três categorias (Dubois-Maury; Chaline, 2002; Dauphiné, 2001; Veyret; Richemond, 2007), embora alguns riscos pertençam simultaneamente a mais de uma categoria, estes sendo denominados *híbridos* (Fig. 1.2) (Veyret; Richemond, 2007; Mendonça, 2010; Buffon; Mendonça, 2018).

A concepção de riscos híbridos está assentada no fato de que raramente os riscos estão relacionados a somente uma condição. Admitindo-se que os riscos constituem uma construção social, entende-se, de maneira direta, que há uma fortíssima imbricação entre as instâncias da natureza, da sociedade e da tecnologia, isso para ficar restrito aos três grandes e clássicos tipos de riscos já comentados: naturais, sociais e tecnológicos. Nessa perspectiva, os chamados riscos naturais não são *apenas* naturais, visto que, apesar de terem sua gênese em fenômenos excepcionais da natureza, a ameaça, o perigo e os impactos se dão na sociedade que a eles se encontra exposta. O mesmo serve para os problemas de ordem social (autoimpactos!) e tecnológica.

| Risco híbrido |
|---|
| Riscos híbridos: tem origem na associação entre dois ou mais riscos específicos (naturais, sociais, tecnológicos, etc.), sendo intensificados pela imbricação de elementos e fatores diversos.<br>Exemplos: inundações, secas, tremores de terra, etc. (tem origem natural e são intensificados pelos riscos sociais e/ou tecnológicos, etc.), transporte de combustíveis, redes de transmissão de energia, etc. (tem origem tecnológica e são intensificados pelos riscos sociais e/ou naturais, etc.), fome, violencia, etc. (tem origem social e são intensificados pelos riscos naturais e/ou tecnológicos, etc.). |
| **Riscos naturais:** tem origem em eventos extremos da natureza (climáticos, geológicos, pedológicos, hídricos, etc., isolados ou combinados) e se apresentam como ameaças e/ou perigos aos grupos humanos a ele expostos.<br>Exemplos: inundações, movimentos de solo, secas, tremores de terra, etc. |
| **Riscos tecnológicos:** têm origem em acidentes tecnológicos derivados do mau funcionamento de processos produtivos gerais (indústria, agricultura, telecomunicação, produção de energia, transporte etc., isolados ou combinados) e se apresentam como ameaças e/ou perigos aos grupos humanos a eles expostos.<br>Exemplos: transporte de produtos químicos, redes de distribuição de energia, aviação etc. |
| **Riscos sociais:** Tem origem em eventos derivados de conflitos ou crises sociais (socioeconômicos, políticos, culturais, esportivos, etc., isolados ou combinados) e se apresentam como ameaças e/ou perigos aos grupos humanos expostos.<br>Exemplos: fome, violência, guerra, etc. |

FIG. 1.2  *Risco híbrido no contexto dos demais tipos de riscos*

Os riscos naturais estão atrelados, de modo geral, aos fenômenos que têm sua gênese nos seguintes sistemas: da litosfera (terremotos, desmoronamento de solo, erupções vulcânicas etc.), hidroclimático (ciclones, tempestades, chuvas fortes, nevascas, chuvas de granizo, seca etc.) e de determinadas atividades humanas (desertificação, incêndios, poluições etc.) (Mendonça, 2014). Os riscos tecnológicos possuem a gênese em processos derivados da industrialização e da tecnologia, tais como poluição, sistemas de transporte, armazenamento de cargas, transmissão de energia etc., que podem gerar problemas de ordem crônica ou acidental, configurando explosão, vazamento, incêndios, resíduos, entre outros. Quanto aos riscos sociais, eles advêm do próprio contexto de crises no sistema social, econômico e político, e se manifestam em situações de miséria, pobreza, desemprego, violência, distúrbios etc., claramente resultantes da segregação e da fragmentação urbana, das doenças que afetam um indivíduo ou grupo social.

Riscos híbridos resultam da inter-relação entre um ou mais riscos. Os termos *perigo* e *vulnerabilidade* estão intrinsecamente associados aos riscos. Com o propósito de explicitar essa ligação entre os conceitos, elaborou-se a Fig. 1.3, que visa apresentar alguns conceitos e suas inter-relações no processo de análise e mapeamento de risco.

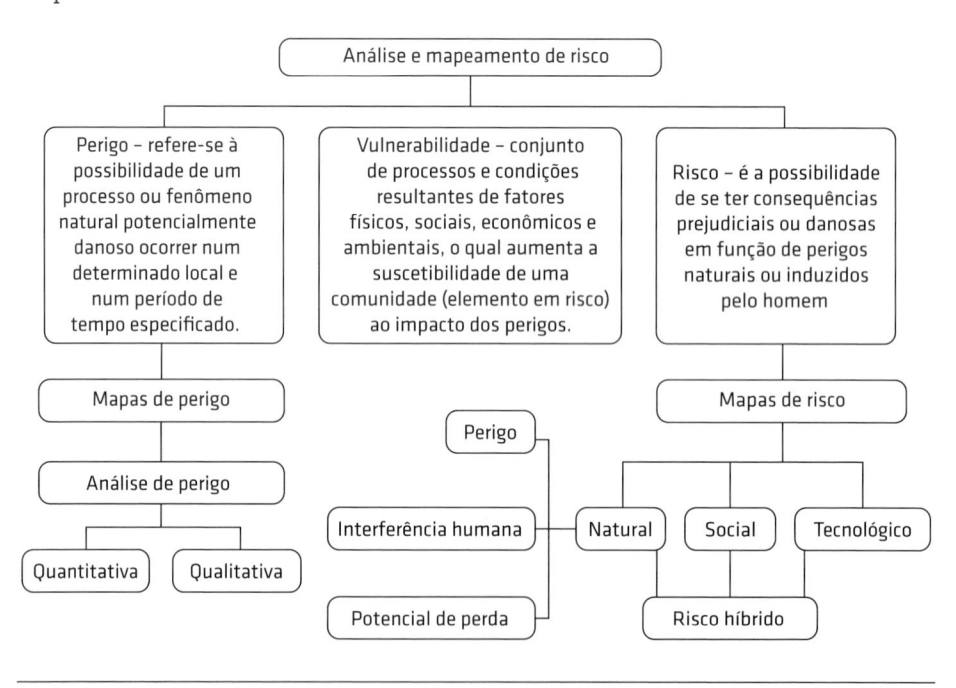

**FIG. 1.3** *Interligação dos conceitos e das categorias na análise e mapeamento de riscos*
Fonte: baseado em Tominaga (2015).

O mapa de perigo representa a probabilidade espacial e temporal de ocorrer um fenômeno capaz de causar impactos. As técnicas para a avaliação do perigo dependem do tipo de processo e das características da área. Tais técnicas integram o mapeamento do risco e podem ser qualitativas, através de julgamento de um especialista por meio de dados obtidos em observações em campo, e quantitativas, por meio de análises estatísticas.

Uma ferramenta auxiliar nesse processo de construção de mapas de riscos é o sistema de informação geográfica (SIG). Os dados trabalhados em ambiente SIG podem resultar de análises empíricas, probabilísticas e determinísticas. Na análise empírica, é possível indicar as áreas que podem apresentar futuras instabilizações, enquanto na análise probabilística definem-se os fatores que causam instabilidades nos sistemas. Por fim, a análise determinística fornece informações quantitativas do perigo.

Os mapas de risco natural, social e tecnológico se apresentam como bases operacionais e também bases de dados para análise do risco híbrido. A cartografia de síntese é fundamental para mapear o risco híbrido, uma vez que permite sintetizar um grande número de dados de forma integrada. Nesse sentido, conhecer as áreas de risco híbrido significa compreender que a gestão de riscos no ambiente é sistêmica. Para tanto, faz-se necessário apresentar alguns indicadores da abordagem dos riscos híbridos, bem como ilustrar algumas possibilidades de aplicações.

## 1.2 Riscos híbridos: indicadores e gestão integral de desastres

Promover a gestão dos riscos significa compreender o desenvolvimento e a configuração das ameaças e dos perigos como meio produtor (Porto, 2012). Assim, é de extrema importância que a sociedade contemporânea tenha a consciência do risco, a percepção do perigo e a gestão da crise (Rebelo, 2010), e identificar indicadores dos riscos é o primeiro passo para uma gestão integral de riscos.

Mendonça (2011, p. 114) frisa que a complexidade de análise dos riscos consiste em evidenciar sua expressão geográfica, de modo a considerar "a imbricação direta dos diferentes elementos componentes do espaço geográfico". Para Marandola Jr. e Hogan (2006), os riscos e perigos também são entendidos como produtos do sistema social, modernizado tardiamente e por processos de segregação e desigualdade sociais.

Cada tipo de risco é composto por variáveis que possibilitam a mensuração dos elementos e fatores produtores do risco. A gênese de cada um deles, assim como os elementos e fatores que propiciam sua manifestação, possui particulares que se expressam diferentemente no tempo e no espaço. Nesse sentido, torna-se fundamental compreender os diferentes riscos segundo distintos enfoques nos campos do conhecimento, no âmbito das técnicas, da política e da sociedade como um todo. A Fig. 1.4 sintetiza a imbricação entre os diversos tipos de riscos, usando um diagrama de Venn para ilustrar em circunferências os conjuntos de riscos que se unem e se intersectam para formar a concepção de risco híbrido, conforme a literatura predominante acerca do tema.

Os riscos híbridos explicitam o fato de que os três grandes grupos de riscos (naturais, sociais e tecnológicos) raramente se manifestam de maneira isolada um do outro. Cabe ressaltar que os riscos sociais, devido ao fato de se originarem na própria sociedade e nela causarem impactos, podem por vezes ser concebidos isoladamente dos outros dois grupos, constituindo o único caso em que se pode não atribuir a condição de riscos híbridos. Todavia, tanto os riscos naturais quanto os tecnológicos, mesmo tendo uma gênese desvinculada da sociedade (na natureza e na tecnologia, respectivamente), só adquirem a condição de risco por derivarem em impactos sobre dada sociedade ou assentamentos humanos determinados, e por isso são concebidos como riscos híbridos. Essa concepção coaduna-se perfeitamente com a concepção de meio ambiente que embasa a perspectiva aqui delineada, conforme Veyret e Richemond (2007):

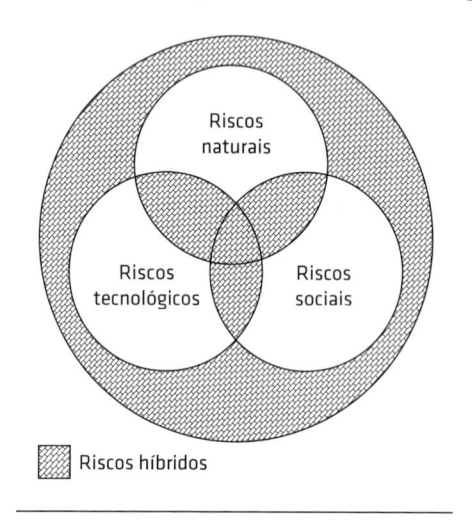

**FIG. 1.4** *Riscos híbridos*

> a noção de meio ambiente não envolve somente a natureza, e nem somente a fauna e a flora sozinhas. Meio ambiente diz respeito às relações de interdependência que existem entre o homem, as sociedades e os componentes físicos, químicos e bióticos do meio, e integra também os aspectos econômicos, sociais e culturais.

A abordagem explicitada acerca dos riscos híbridos coloca em evidência o fato de que um risco intensifica a ocorrência e magnitude do outro (Mendonça, 2015). Nesse contexto, destaca-se que a gênese dos riscos não corresponde apenas a elementos naturais, uma vez que a visão sistêmica do ambiente (natural e social) explica muitos dos perigos cotidianos da/na sociedade. Almeida (2010, p. 102) descreve que o crescimento das desigualdades sociais, da pobreza, da segregação socioespacial advinda com o trinômio capitalismo-industrialização-urbanização, em correlação com a consequente degradação do ambiente nas suas diversas facetas, fez surgir em meados dos anos 1980 uma abordagem teórico-metodológica que procurou enfocar os desastres (naturais ou tecnológicos) do ponto de vista não apenas de seus fatores físicos desencadeantes, mas com base no prisma das populações atingidas.

Os riscos antecedem os desastres, portanto realizar sua gestão é possibilitar uma ação preditiva que visa controlar tais desastres. No âmbito brasileiro, a Secretaria Nacional de Proteção e Defesa Civil (SEDEC), do Ministério da Integração Nacional, disponibiliza, por meio do Programa de Capacitação Continuada em Proteção e Defesa Civil da SEDEC/MI, um livro-base sobre noções básicas em proteção e defesa civil e em gestão de riscos, o qual apresenta uma padronização de conceitos para uso no processo de gestão de riscos (Quadro 1.3).

**Quadro 1.3** Conceitos-base para o processo de gestão de risco de desastre

| Termo | Conceito |
|---|---|
| Risco de desastre | O potencial de ocorrência de ameaça de desastre em um cenário socioeconômico e ambiental vulnerável. |
| | *Risco instalado*: pode ser compreendido como o risco efetivo, atual ou visível existente e percebido em áreas ocupadas. A identificação do risco instalado é realizada com base na avaliação de evidências do terreno, ou seja, condições "visíveis" de que eventos adversos podem se repetir ou estão em andamento. |
| | *Risco aceitável*: aquele que uma determinada sociedade ou população aceita como admissível, após considerar todas as consequências associadas a ele. Em outras palavras, é o risco que a população exposta a um evento está preparada para aceitar sem se preocupar com a sua gestão. |
| | *Risco tolerável*: aquele com que a sociedade tolera conviver, mesmo tendo que suportar alguns prejuízos ou danos, porque isso permite que se usufrua de certos benefícios, como, por exemplo, a proximidade do local de trabalho ou de determinados serviços. |
| | *Risco intolerável*: aquele que não pode ser tolerado ou aceito pela sociedade, uma vez que os benefícios ou vantagens proporcionadas pela convivência não compensam os danos e prejuízos potenciais. |
| | *Risco residual*: aquele que ainda permanece num local mesmo após a implantação de programas de redução de risco. De maneira geral, é preciso entender que sempre existirá um risco residual, uma vez que o risco pode ser gerenciado e/ou reduzido com medidas de mitigação. |
| Gestão de risco de desastre | Compreende o planejamento, a coordenação e a execução de ações e medidas preventivas destinadas a reduzir os riscos de desastres e evitar a instalação de novos riscos. |

*Fonte: Brasil (2017, p. 22-24).*

Essa padronização de conceitos constitui um importante suporte para a implementação da Política Nacional de Proteção e Defesa Civil (PNPDEC) no âmbito da gestão de risco adotada no Brasil. Conforme descrito em Brasil (2017), a gestão de risco no país apresentou dois principais momentos: o primeiro embasado em uma visão mais tradicional, que empregou a proteção e defesa civil com o viés de respostas aos desastres; e o segundo decorrente de um modelo de tendência internacional que trata da gestão sistêmica de riscos, também conhecida por gestão integral de riscos de desastres (Gregório; Saito; Sausen, 2015).

Durante esse primeiro momento, a defesa civil, no Brasil, concentrava suas atividades agrupadas em quatro processos: prevenção, preparação, resposta e reconstrução (Gregório; Saito; Sausen, 2015). No segundo momento, com a elaboração da Lei nº 12.608 (Brasil, 2012), as atividades passaram a se apoiar na proposta da Estratégia Internacional para a Redução de Desastres (EIRD), que caracteriza cinco macroprocessos inter-relacionados: prevenção, mitigação, preparação, resposta e recuperação (Gregório; Saito; Sausen, 2015).

No cenário atual, o ciclo de gestão da defesa civil no Brasil concentra-se na perspectiva do segundo momento, com análises voltadas à redução de risco de desastres. De acordo com a EIRD (2009, p. 27), a expressão *redução de desastres* caracteriza-se pela ação de "reduzir o risco de desastres mediante esforços sistemáticos dirigidos a análise e a gestão dos fatores causadores dos desastres, o que inclui a redução do grau de exposição às ameaças (perigos), a diminuição da vulnerabilidade das populações e suas propriedades".

A gestão de risco remete a uma combinação de processos sociais e políticos que visa controlar ou reduzir o risco existente (Vargas, 2010). Esse autor ressalta que a gestão de riscos "também é reflexo do desempenho da gestão pública, em forma de ações integradoras nos diferentes temas e instrumentos de desenvolvimento municipal; ações que compreendem o conhecimento e o gerenciamento do risco, assim como o gerenciamento de desastre" (Vargas, 2010, p. 28).

Embasado nos aportes conceituais de risco, desastre e gestão e considerando as classificações de Dubois-Maury e Chaline (2002), Dauphiné (2001) e Veyret e Richemond (2007) ao abordarem os riscos em três categorias (naturais, sociais e tecnológicos), elaborou-se um organograma identificando as inundações na cadeia de riscos híbridos, como um exemplo claro da aplicação da concepção aqui desenvolvida, mostrado na Fig. 1.5. Atrelada às três categorias, integrou-se a classificação geral de desastres naturais adotada pelo EM-DAT.

Os riscos hidrometeorológicos (Fig. 1.5) estão inseridos na categoria de risco ambiental, pois resultam da associação entre os riscos naturais e os decorrentes

# 1 Riscos híbridos

```
[Desastres naturais]          [Riscos hidrometeorológicos]   [Categorias de riscos]   [Risco híbrido]
  - Geofísicos                  - Enchente                     - Tecnológicos
  - Meteorológicos              - Enxurrada                    - Naturais
  - Climatológicos              - Alagamento
  - Biológicos                  - Inundação                    - Sociais
```

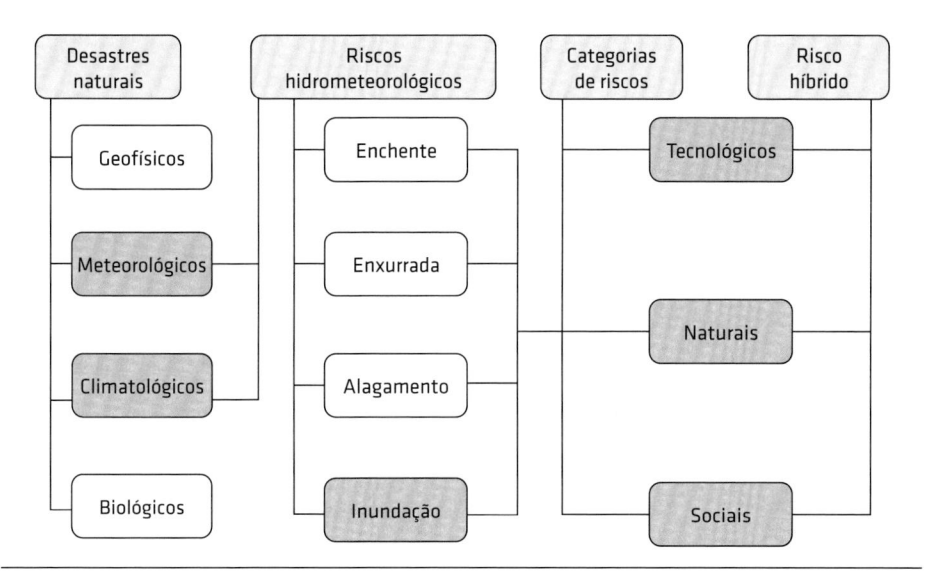

**FIG. 1.5** *Delimitação, caracterização e contextualização dos riscos híbridos no âmbito dos riscos hidrometeorológicos*

de processos naturais agravados pela atividade humana e pelo uso e ocupação do solo (Mendonça, 2014; Veyret; Richemond, 2007). É dessa associação, por exemplo, que se formam os riscos híbridos. Buffon e Mendonça (2018) e Buffon et al. (2018) ressaltam que determinados eventos se revestem de tamanha complexidade que se torna muito difícil inseri-los em apenas uma categoria de risco; portanto, eles se tornam riscos híbridos, que resultam de um produto combinado de uma eventualidade com uma vulnerabilidade (Veyret; Richemond, 2007). Para melhor ilustrar a formação dos riscos híbridos, a seguir apresenta-se um estudo de caso sobre as inundações na cidade Pinhais, município pertencente à Região Metropolitana de Curitiba, no Estado do Paraná.

## 1.2.1 Inundações urbanas em Pinhais (PR)

Em áreas suscetíveis a inundações na cidade de Pinhais, o risco é diferenciado, em função da vulnerabilidade intrínseca a determinados grupos sociais, que é alterada pelas medidas de adaptação às inundações, diferenciadas pelo tipo e ordem de intervenção. Ao examinar as vulnerabilidades sociais de modo conjugado às áreas historicamente afetadas por inundações (Fig. 1.6), evidenciam-se sobreposições entre as áreas de maiores vulnerabilidades e as planícies inundáveis. Esse fato é enfatizado por Deschamps (2004), ao reiterar que a demanda por solo para a expansão da cidade provoca o aproveitamento de áreas expostas a riscos naturais (impróprias).

30 | Riscos híbridos

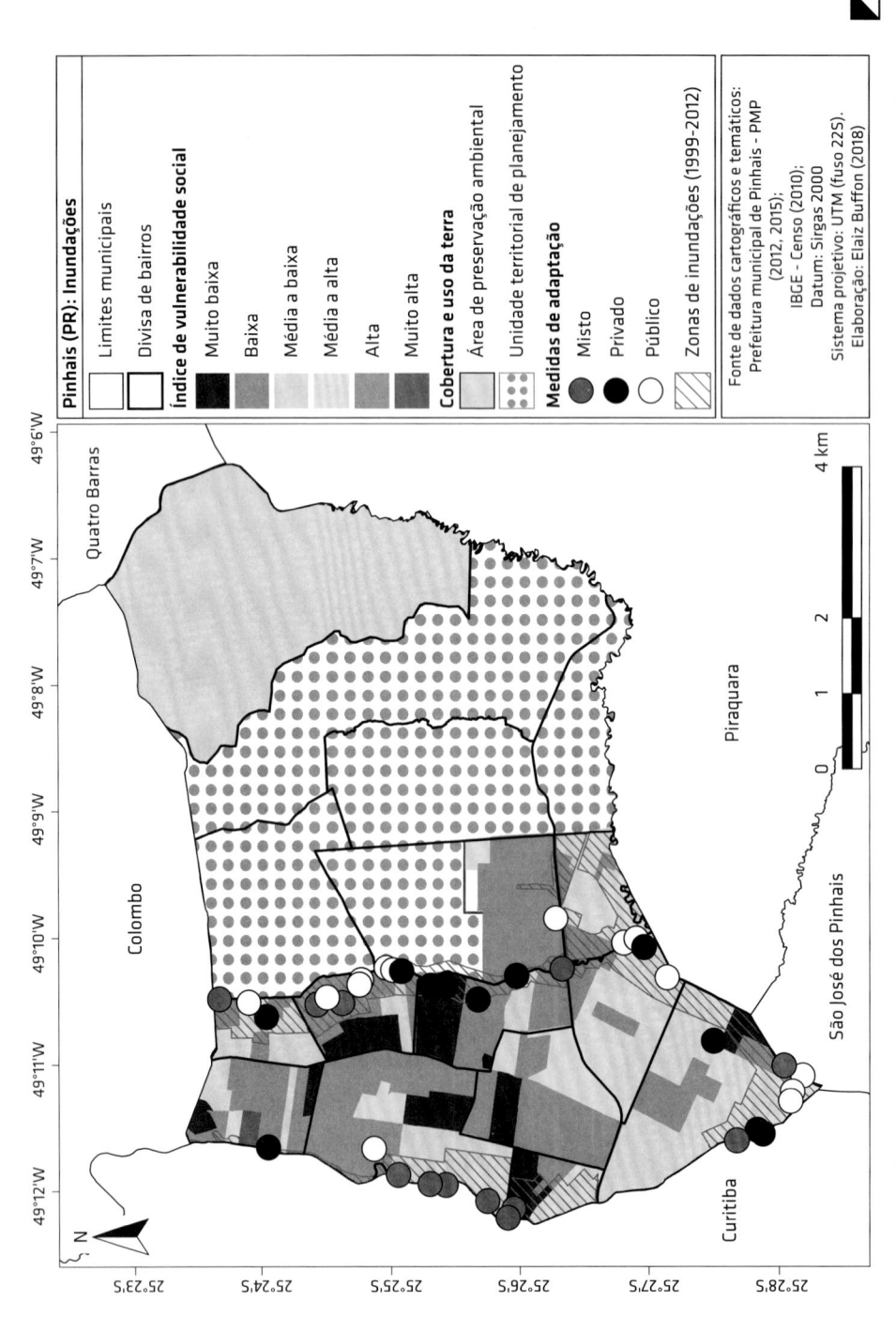

FIG. 1.6  *Pinhais (PR): inundações em áreas urbanas, vulnerabilidade social e medidas de adaptação urbana implementadas pela iniciativa pública e privada*

A Fig. 1.6 detalha os graus de vulnerabilidade social à inundação na cidade de Pinhais e, de modo integrado, insere as zonas de inundações históricas do município e alguns pontos de identificação de medidas de adaptação mista, privada e pública. De modo geral, observa-se que existem poucas medidas de adaptação de ordem pública nas zonas históricas de inundações nas áreas marginais ao rio Atuba. Por outro lado, as áreas marginais do rio Palmital e do rio Iraí apresentam uma concentração maior de medidas de ordem pública e privada. As medidas de ordem mista apresentam-se dispostas ao longo das áreas marginais tanto do rio Atuba quanto dos rios Palmital e Iraí.

A partir da combinação dos mapeamentos de vulnerabilidade social e de zonas históricas de inundações, gerou-se o mapeamento de risco híbrido histórico em três classes: de grau baixo, médio e alto. A Fig. 1.7 detalha as áreas com os graus de riscos, de modo integrado, e as medidas de adaptações identificadas. É perceptível que os graus de riscos estão dispersos. Para as áreas de risco híbrido em 2018, indica-se que foram alteradas pelas medidas de adaptação de forma segregada ao longo das áreas marginais ao rio Palmital. Embora as medidas existam ao longo de todas as áreas ribeirinhas, percebeu-se uma diferenciação quanto ao resultado da implantação dessas medidas ao longo do rio.

Para exemplificar a intervenção das medidas de adaptação no contexto de riscos, utilizou-se um recorte da Fig. 1.7 para elaborar a Fig. 1.8. Nessa nova figura, observa-se o detalhamento de dois exemplos de medidas de adaptação às inundações em Pinhais, um com exemplo positivo e outro negativo no processo de mitigação e controle das áreas de risco híbrido.

O primeiro exemplo (Fig. 1.8B) é localizado na porção ribeirinha do rio Palmital e consiste em um reservatório de detenção de águas construído em 2015. Conforme se observa na Fig. 1.6, as porções ribeirinhas do rio Palmital apresentavam risco híbrido às inundações; no entanto, após a implantação dessa medida, essa área não foi mais afetada. Com isso, entende-se que essa medida de adaptação foi eficiente para a mitigação do problema nessa porção da área urbana do município de Pinhais.

O segundo exemplo (Fig. 1.8C,D), localizado na porção ribeirinha do rio Atuba, caracteriza uma medida de intervenção de remoção da população das áreas de riscos de inundação. A Fig. 1.8C, no ano de 2000, demonstra a área ocupada nas margens do rio Atuba, enquanto a Fig. 1.8D, no ano de 2018, apresenta a área após o processo de remoção da população. Ainda na Fig. 1.8 é possível compreender que a medida de adaptação de remoção da população das áreas de risco na porção ribeirinha do rio Atuba não mitigou ou controlou as inundações, uma vez que os registros de 2018 apontam a continuidade da inundação nessa área.

32 | Riscos híbridos

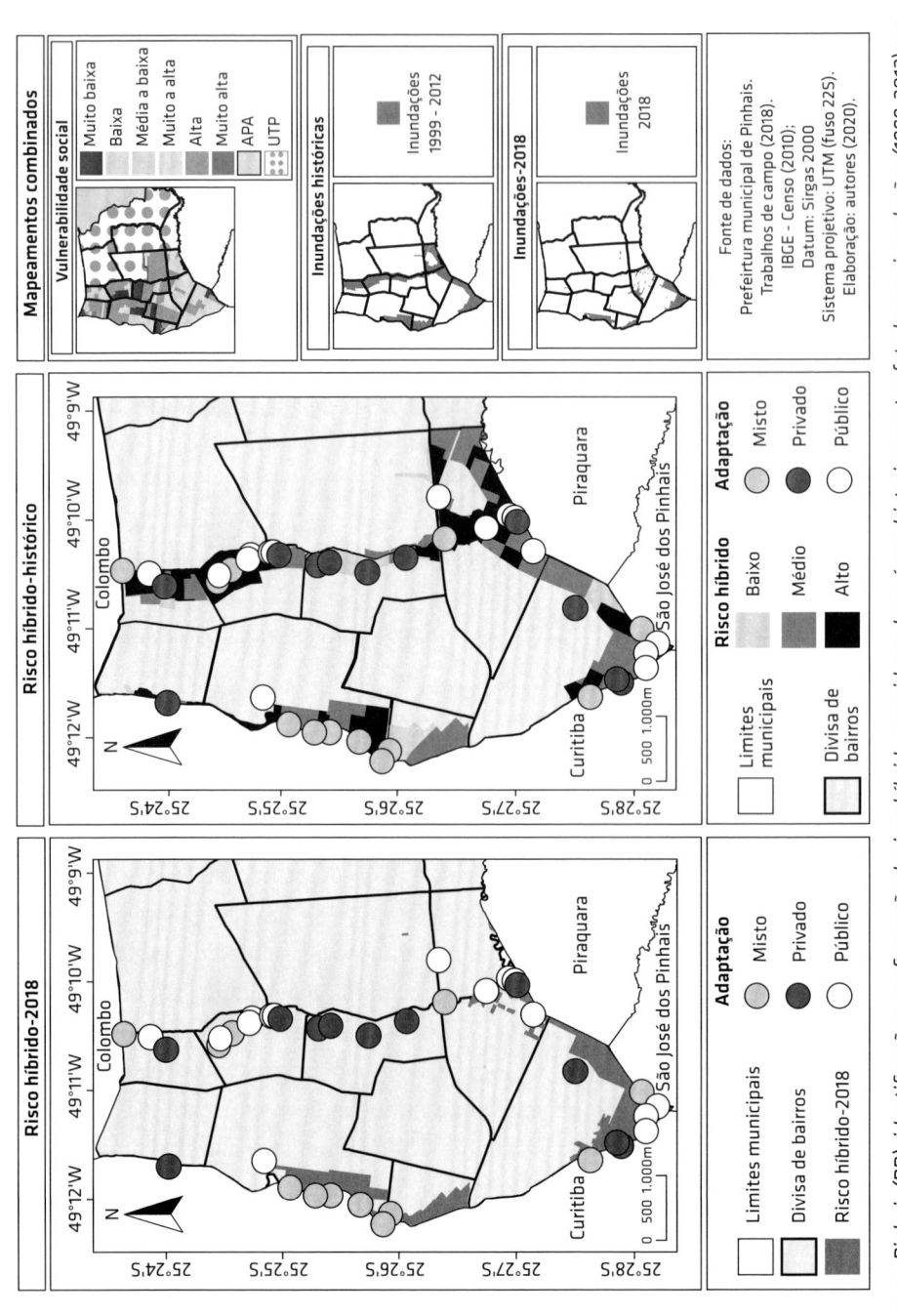

FIG. 1.7 *Pinhais (PR): identificação e configuração do risco híbrido, considerando as áreas historicamente afetadas por inundações (1999-2012) e a atualização em 2018*

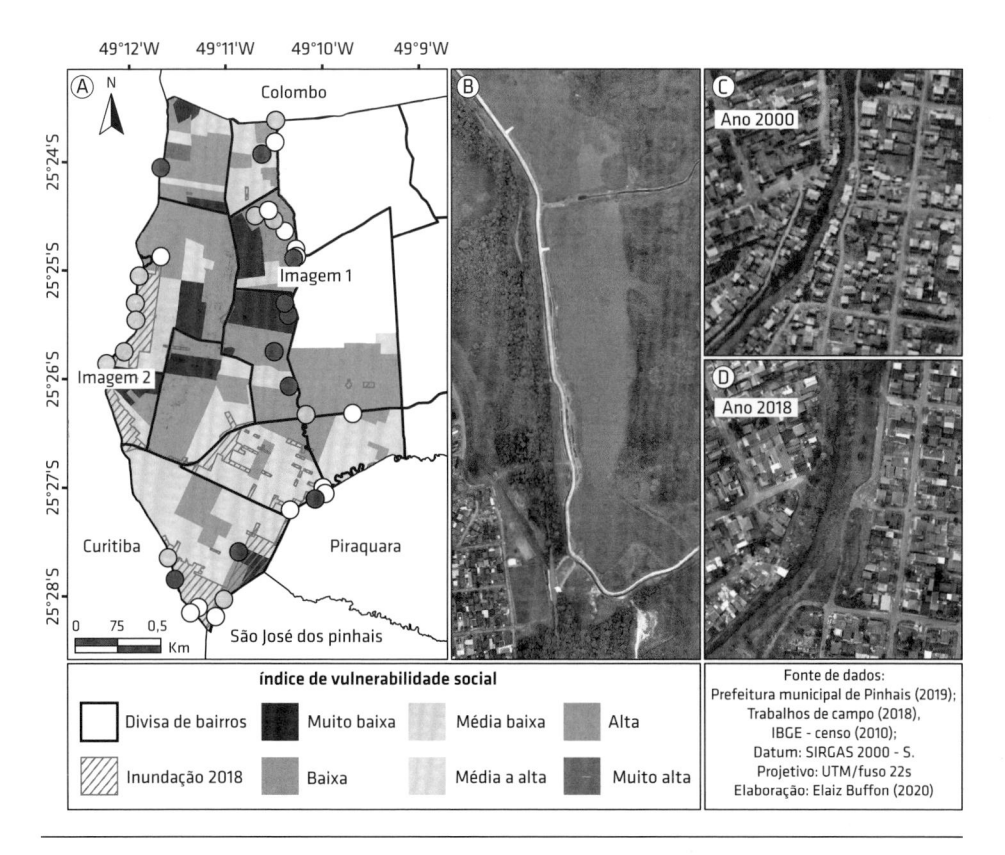

FIG. 1.8  Pinhais (PR): mapeamento de áreas de risco à inundações com indicação de de dois exemplos de medidas de adaptação na área urbana

Nesse sentido, as inundações em áreas urbanas são desastres resultantes de pressões físicas (perigo ambiental) e pressões humanas (vulnerabilidades), que em seu conjunto revelam a fragilidade de um sistema (Pelling, 2003; Dauphiné, 2001), o que evidencia características próprias de um risco híbrido. Então, para a busca da redução dessa fragilidade no contexto da vulnerabilidade urbana, segundo Tanner et al. (2009, p. 17), são necessárias "estratégias autônomas e planejadas de adaptação que são funções de processos sociais, econômicos, políticos e culturais que reduzem a vulnerabilidade daqueles sob maior risco".

A inundação se apresenta como um risco híbrido que resulta tanto de processos/riscos naturais quanto de processos/riscos sociais. Dois exemplos de áreas de riscos na cidade de Pinhais são utilizados para apresentar as diferenças entre áreas com e sem risco híbrido de inundação, mostrados na Fig. 1.9. A área com risco híbrido de inundação localiza-se na zona marginal ao rio Atuba, enquanto a área sem risco híbrido se refere à zona marginal ao rio Palmital. Ao analisar de modo integrado essas áreas, considerando a exposição humana/social ao perigo natural, observa-se que medidas de ordem pública e privada se conjugam para enfrentar o problema, que é eminentemente social. Mas trata-se de um problema social derivado da elevada vulnerabilidade da população naquela área, que se encontra assentada sobre uma área cujo espraiamento das águas (área plana) nos momentos de chuvas intensas explicita um conflito flagrante da relação sociedade-natureza.

FIG. 1.9   *Pinhais (PR): eventos e áreas de inundações revelando o caráter de risco híbrido. Nesse exemplo, observa-se a gênese do risco num evento natural extremo (chuva concentrada) associado a uma localidade com relevo plano e com ocupação urbana (risco social), o que demarca o risco híbrido, pois somente o evento extremo associado à área de espraiamento das águas pluviais, sem a ocupação humana do lugar, não configuraria risco*

De modo geral, observou-se que as identificações de medidas de adaptação nas áreas de risco de inundação são voltadas para o controle desse problema, independentemente de partir de iniciativas institucionais públicas ou privadas. Esse tipo de problemática socioambiental urbana explicita, de maneira clara, a formação dos riscos socioambientais, visto que, não obstante a condição social e mesmo a vulnerabilidade, esse tipo de risco somente se forma quando um evento natural (hidroclimático, no caso) se manifesta como uma ameaça ou perigo a uma dada população e/ou assentamento humano.

Assim, esse indicador síntese de risco híbrido à inundação precisa integrar dados qualitativos e quantitativos que estão inseridos em sistemas dinâmicos. No contexto de um sistema ambiental urbano, os indicadores de riscos sociais, naturais e tecnológicos são combinados e assim configuram uma abordagem de risco híbrido, uma vez que os elementos e fatores que dão origem aos riscos apresentam profunda inter-relação entre si. Riscos, vulnerabilidades e adaptação constituem um tripé de extrema importância para os estudos dos problemas socio-ambientais, especialmente os urbanos, uma vez que possibilitam a consciência do risco, a percepção do perigo e a gestão da crise no contexto de uma sociedade contemporânea que convive cotidianamente com os riscos híbridos.

## 1.3 Sintetizando a abordagem

Porto (2012) destaca que a análise dos problemas socioambientais deve ser pautada em abordagem sistêmica e holística, visto que existe uma grande complexidade técnica e social da geração, da exposição e dos efeitos dos riscos modernos. Os riscos configuram-se a partir da interação de fenômenos de contingências naturais e sociais, provocando impactos socioambientais que desestabilizam as condições de vida da humanidade (Mendonça, 2010).

A abordagem socioambiental, no âmbito da Geografia, é concebida por Mendonça (2002, p. 123) como a perspectiva do conhecimento geográfico que resulta "da interação entre os diferentes elementos e fatores que compõem seu objeto de estudo". Nesse sentido, Mendonça (2002, p. 3) relata que a dimensão socioambiental da Geografia (ou Geografia Socioambiental) parte da perspectiva de que os problemas ambientais são, em sua essência, sociais. Tais problemas evocam princípios humanos e são resultantes da apropriação diferenciada da natureza pelos diferentes sistemas sociais que, por essas condições, são inerentes aos homens e fazem parte de uma sociedade capitalista e globalizada.

Então, referindo-se à Geografia Socioambiental, Mendonça (2002, p. 134) frisa que esta deve "emanar de problemáticas em que situações conflituosas, decorrentes da relação entre sociedade e natureza, explicitem degradação de uma ou de ambas". Dentro dessa abordagem, conceber os riscos como naturais, sociais e tecnológicos de forma integrada é o desafio que se coloca diante das possibilidades e limites do conhecimento numa perspectiva holística e integradora. A proposta de risco híbrido se apresenta como uma tentativa na proposição de uma abordagem de risco embasada na perspectiva socioambiental e visa insistir que os diferentes tipos de riscos interagem entre si e que os riscos de origem natural e tecnológica em especial são, por sua própria constituição, híbridos. Ademais, os impactos de um dado risco sempre são agravados por impactos de outros riscos, o que torna a concepção de riscos híbridos fundamental à gestão desses tipos de problemas socioambientais.

A leitura geográfica dos riscos híbridos perpassa pelas análises de vulnerabilidade, adaptação e gestão de riscos (controle, mitigação, avaliação, resposta). Nesse sentido, as observações realizadas no estudo de caso da cidade de Pinhais demonstram a necessidade de se avançar na adoção e na aplicação da concepção de riscos híbridos nas pesquisas, de forma a subsidiar uma gestão integral de risco que considere essa dimensão híbrida do fenômeno. As inundações na cidade de Pinhais constituem um exemplo de análise integrada de risco, vulnerabilidade e adaptação frente a uma abordagem híbrida do fenômeno, e assim permitem concluir que problemas na gestão podem derivar da ausência de uma abordagem integradora que considere a complementaridade entre os riscos sociais, naturais e tecnológicos.

Por fim, algumas constatações se destacam em face dos conceitos e temas-chaves dos riscos socioambientais na Geografia, a saber:

- os riscos são produto de uma construção social;
- é possível evidenciá-los e avaliá-los antes que se materializem em desastres;
- os seres humanos podem preveni-los, controlá-los e reduzi-los por meio da gestão;
- a redução dos riscos, o manejo dos desastres e o desenvolvimento local sustentável são temáticas de uma mesma agenda;
- os riscos são dinâmicos e as mudanças que se apresentam em seu contexto territorial e social podem sofrer alterações;
- os cenários de risco são acumulativos e, quando não são alvo de uma gestão, até os riscos menores ou incipientes podem desencadear desastres maiores.

Assim, lança-se neste texto o desafio atual e futuro de se trabalhar com a abordagem dos riscos híbridos, compreendendo que não existem riscos isolados no espaço e no tempo, uma vez que o sistema ambiental pautado em uma sociedade capitalista e globalizada expressa constantemente situações de riscos socioambientais.

# Referências bibliográficas

ALMEIDA, L. Q. *Vulnerabilidades socioambientais de rios urbanos*: bacia hidrográfica do rio Maranguapinho, região metropolitana de Fortaleza, Ceará. 2010. 278 f. Tese (Doutorado em Geografia) – Instituto de Geociências e Ciências Exatas, Universidade Estadual Paulista, Rio Claro, 2010.

BECK, U. *Risk Society*: Towards a New Modernity. Trad. Mark Ritter. London: Sage, 1992.

BERMAN, M. *Tudo que é sólido desmancha no ar*: a aventura da modernidade. São Paulo: Companhia das Letras, 1996.

BRASIL. Lei nº 12.608, de 10 de abril de 2012. Institui a Política Nacional de Proteção e Defesa Civil – PNPDEC; dispõe sobre o Sistema Nacional de Proteção e Defesa Civil – SINPDEC e o Conselho Nacional de Proteção e Defesa Civil – CONPDEC; autoriza a criação de sistema de informações e monitoramento de desastres. *Diário Oficial*, Brasília, 11 abr. 2012.

BRASIL. Ministério da Integração Nacional. Secretaria Nacional de Proteção e Defesa Civil. Departamento de Prevenção e Preparação. *Módulo de formação*: noções básicas em proteção e defesa civil e em gestão de riscos: livro base. Ministério da Integração Nacional, Secretaria Nacional de Proteção e Defesa Civil, Departamento de Minimização de Desastres. Brasília: Ministério da Integração Nacional, 2017. 96 p.

BUFFON, E. A. M.; MENDONÇA, F. A. A Leptospirose Humana em Curitiba (PR) – formação e configuração socioespacial do risco híbrido. In: PEREIRA, M. P. B.; MAGALHÃES, S. C. M. (Org.). *Perspectivas Geográficas da Saúde Humana*. 1. ed. v. 1. Campina Grande: EDUFCG, 2018. p. 117-128.

BUFFON, E. A. M.; MENDONÇA, F. A.; SANCHES, R. M.; FERNANDES, M. F. Inundações urbanas e risco híbrido: princípios e aplicação com emprego do SIG. In: XIII SIMPÓSIO BRASILEIRO DE CLIMATOLOGIA GEOGRÁFICA, 2018, Juiz de Fora. *Anais do XIII Simpósio Brasileiro de Climatologia Geográfica*, 2018. v. 1. p. 1-10.

DAUPHINÉ, A. *Risques et catastrophes* – Observer, spatialiser, comprendre, gerer. Paris: Armand Colin, 2001.

DESCHAMPS, M. V. *Vulnerabilidade socioambiental na Região Metropolitana de Curitiba*. 2004 Tese (Doutorado em Meio Ambiente e Desenvolvimento) – Universidade Federal do Paraná, Curitiba, Paraná, 2004.

DUBOIS-MAURY, J.; CHALINE, C. *Les risques urbains*. Paris: Armand Colin, 2002.

EIRD – ESTRATEGIA INTERNACIONAL PARA LA REDUCCION DE DESASTRES. *Terminologia sobre Reducción del Riesgo de Desastres*. 2009. Disponível em: <https://www.unisdr.org/files/7817_UNISDRTerminologySpanish.pdf>. Acesso em: mar. 2020.

GIDDENS, A. *Modernidad e identidad del yo*: el yo y la sociedad en la época contemporánea. Barcelona: Península, 1995.

GIDDENS, A. *Sociologia*. Lisboa: Fundação Calouste Gulbenkian, 2004.

GREGÓRIO, L. T.; SAITO, S. M.; SAUSEN, T. M. Sensoriamento remoto para a gestão de risco de desastres naturais. In: SAUSEN, T. M.; LACRUZ, M. S. P. *Sensoriamento Remoto para desastres*. São Paulo: Oficina de Textos, 2015. p. 43-67. ISBN: 978-85--7975-175-2.

HOGAN, D. J.; MARANDOLA JR., E. *Natural hazards*: os estudos geográficos dos riscos e perigos. *Ambiente e Sociedade*, v. 7, n. 2, dez. 2004, p. 95-109.

LIEBER, R. R.; ROMANO-LIEBER, N. S. O conceito de risco: Janus reinventando. In: MINAYO, M. C. de S.; MIRANDA, A. C. (Org.). *Saúde, ambiente e desenvolvimento*: estreitando nós. Rio de Janeiro: Fiocruz, 2002.

MARANDOLA JR., E.; HOGAN, D. J. As dimensões da vulnerabilidade. *São Paulo em Perspectiva*, v. 20, n. 1, p. 33- 43, 2006.

MENDONÇA, F. A Geografia Socioambiental. In: MENDONÇA, F.; KOZEL, S. (Org.). *Elementos de Epistemologia da Geografia Contemporânea*. Curitiba: Editora da UFPR, 2002.

MENDONÇA, F. *Geografia e meio ambiente*. São Paulo: Contexto, 1993.

MENDONÇA, F. Resiliência urbana: concepções e desafios em face de mudanças climáticas globais. In: FURTADO, F.; PRIORI JUNIOR, L.; ALCANTARA, E. (Org.). *Mudanças climáticas e resiliência de cidades*. Recife: Pikimagem, 2015. p. 45-60.

MENDONÇA, F. *Riscos climáticos*: vulnerabilidades e resiliência associados. Jundiaí: Paco Editorial, 2014.

MENDONÇA, F. Riscos e vulnerabilidades socioambientais urbanos – a contingência climática. *Mercator*, v. 9, n. 1, p. 153-163, dez. 2010.

MENDONÇA, F. Riscos, vulnerabilidades e resiliência socioambientais urbanas: inovações na análise geográfica. *Revista da ANPEGE*, v. 7, p. 99-109, 2011.

MONTEIRO, C. A. F. *Clima e excepcionalismo*: conjecturas acerca de atmosfera como fenômeno geográfico. Florianópolis: Editora da UFSC, 1991.

PELLING, M. *The Vulnerability of Cities*: Natural Disaster and Social Resilience. London: Earthscan, 2003.

PORTO, M. F. de S. *Uma ecologia política dos riscos*: princípios para integrarmos o local e o global na promoção da saúde e da justiça ambiental. Rio de Janeiro: Fiocruz, 2012.

RANZI, C. F. *A medida do exagero e o apocalipse cristão*: uma breve digressão sobre a gênese do risco na sociedade ocidental. Curitiba: Editora da UFPR, 2014.

REBELO, F. *Geografia física e riscos naturais*. Coimbra: Imprensa da Universidade de Coimbra, 2010.

REIS, R. *Segurança e saúde no trabalho*: normas regulamentadoras. São Caetano do Sul: Yendis, 2012.

SLOVIC, P. *Perception of Risk*. London: Earthscan, 2000.

SPINK, M. Trópicos do discurso sobre risco: risco-aventura como metáfora na modernidade tardia. *Caderno Saúde Pública*, Rio de Janeiro, v. 17, n. 6, p. 1277-1288, nov./dez. 2001.

TANNER, T.; MITCHELL, T.; POLACK, E.; GUENTHER, B. Urban Governance for Adaptation: Assessing Climate Change Resilience in Ten Asian Cities. *Working Paper 315*, Institute of Development Studies (IDS), Brighton UK, 2009.

TOMINAGA, L. K. Desastres naturais: por que ocorrem? In: TOMINAGA, L. K.; SANTORO, J.; AMARAL, R. (Orgs.). *Desastres naturais*: conhecer para prevenir. 3. ed. São Paulo: Instituto Geológico, 2015. p. 11-24. ISBN: 978-85-87235-09-1.

VARGAS, H. R. A. Guía municipal para la gestión del riesgo. *Programa de Reducción de la vulnerabilidad fiscal del Estado frente a Desastres Naturales*. Banco Mundial. Bogotá, 2010.

VEYRET, Y.; RICHEMOND, N. M. Os tipos de riscos. In: VEYRET, Y. (Org.). *Os riscos*: o homem como agressor e vítima do meio ambiente. São Paulo: Contexto, 2007.

# ÍNDICE DRIB – INDICADORES DE RISCO DE DESASTRES E MUDANÇAS CLIMÁTICAS NO BRASIL

*Lutiane Queiroz de Almeida*

O presente texto visa servir como uma ferramenta para ajudar a avaliar, visualizar e comunicar diferentes níveis de exposição, vulnerabilidade e risco no Brasil. Além disso, o índice aqui exposto pode sensibilizar os tomadores de decisão públicos e políticos em relação ao importante tópico de risco de desastre e adaptação às mudanças climáticas. O Índice de Risco de Desastres no Brasil (índice DRIB) objetiva explorar a viabilidade e a utilidade de tal índice de risco nacional, que considera tanto os fenômenos de risco naturais quanto a vulnerabilidade social.

A comparação do município fornece uma classificação inicial de exposição e vulnerabilidade. Ademais, análises específicas das capacidades de enfrentamento e adaptação também indicam que o risco ou a vulnerabilidade não são condições predefinidas, mas construídas por sociedades expostas a riscos naturais. A informação fornecida pelo índice destaca a necessidade de medidas preventivas em relação à Redução de Risco de Desastres (RRD) e à Adaptação às Mudanças Climáticas (CCA) no país como um todo, mas também em escalas regionais e locais.

## 2.1 Conceito

O conceito do índice DRIB é baseado no World Risk Index (Birkmann et al., 2011; Welle et al., 2012, 2013), cujos conceitos teóricos e de compreensão de risco, no âmbito da comunidade científica de riscos naturais e risco de desastres, afirmam que o risco de desastre deriva de uma combinação de riscos físicos e vulnerabilidade de pessoas expostas (UNISDR, 2004; Wisner et al., 2004; Birkmann, 2006; IDEA, 2005; Field et al., 2012). Uma ampla gama de pesquisadores que participaram da preparação do *Special Report on Managing the Risks of Extreme Events and Disasters to Advance Climate Change Adaptation* (IPCC-SREX) concorda que um evento perigoso não é o único fator de risco; esses pesquisadores estão confiantes de que o nível de consequências adversas é largamente determinado pela vulnerabilidade e exposição de sociedades e sistemas socioecológicos (Cardona et al., 2012).

Acima de tudo, o índice visa capturar e medir quatro componentes principais (Fig. 2.1): exposição a riscos naturais, suscetibilidade das comunidades expostas, capacidades de resposta e capacidades adaptativas.

| Índice DRIB | | | |
|---|---|---|---|
| Indicadores de risco de desastre no Brasil | | | |
| **Exposição** Exposição aos perigos naturais | **Suscetibilidade** Probabilidade de sofrer danos em uma emergência | **Capacidade de resposta** Capacidade de reduzir impactos negativos em caso de emergência | **Capacidade de adaptação** Capacidade de adaptação e mudança em longo prazo |
| | Componentes centrais da vulnerabilidade | | |
| Esfera dos perigos naturais | Esfera social | | |
| Indicadores locais e critérios com escala de resolução subnacional e local | | | |

**Fig. 2.1** *Estrutura do índice e do sistema de indicadores*
Fonte: Almeida et al. (2019).

De acordo com o Programa das Nações Unidas para o Desenvolvimento (UNDP, 2004), a exposição define elementos em espaços de risco, os artefatos e as pessoas que estão expostas a um risco, isto é, elementos localizados em uma área na qual eventos perigosos podem ocorrer (Cardona, 1999; UNISDR, 2004, 2009a, 2009b). Portanto, se uma população e seus recursos não estão localizados em (ou expostos a) espaços potencialmente perigosos, não existe nenhum problema de risco de desastre. A exposição é um determinante de risco necessário, mas não exclusivo, ou seja, é possível estar exposto, mas não vulnerável. Entretanto, para estar vulnerável a um evento extremo, é necessário também estar exposto a esse evento (Cardona et al., 2012).

O índice prioriza claramente os riscos amplamente distribuídos no Brasil, que são responsáveis por sérios danos às pessoas, e suas propriedades em termos de perdas e números de mortes e pessoas afetadas. Para o período de 1991 a 2012, os desastres naturais mais frequentes e devastadores, oficialmente reportados no Brasil, foram as secas, inundações e tempestades, que representaram 91,07% do total de registros (UFSC, 2013). Em termos de número de mortes, o foco é colocado em inundações bruscas, deslizamentos de terra e inundações graduais, que causaram 87,15% de todas as mortes relacionadas a desastres no Brasil nesse período. Além disso, os riscos emergentes no contexto da mudança climática, no caso do aumento do nível do mar, foram levados em consideração na elaboração do índice final. Nesse contexto, os quatro perigos naturais a seguir foram investigados na pesquisa: enchentes, deslizamentos de terra, secas e elevação do nível do mar.

A suscetibilidade é outro componente do índice e refere-se ao que torna as comunidades ou outros elementos expostos (infraestrutura, ecossistemas etc.) mais propensos a sofrer danos e ser prejudicados por um perigo natural ou pela mudança climática. Considerando que esse componente está intimamente relacionado a características estruturais, como infraestrutura, capacidade econômica e nutrição, ele pode fornecer evidências básicas das vulnerabilidades específicas da sociedade (Welle et al., 2013).

Portanto, a suscetibilidade pode ser entendida como a probabilidade de sofrer danos ou ferimentos causados por um fenômeno perigoso, isto é, um perigo natural. Como no World Risk Index, o componente de suscetibilidade foi dividido em quatro subcategorias para avaliar a exclusão social, as condições de habitação e a infraestrutura pública dos grupos sociais expostos a riscos, as quais são: capacidade econômica e renda, pobreza e dependências, condições de moradia e infraestrutura pública.

Capacidade de resposta é a capacidade de um grupo ou sociedade, organização e sistemas, utilizando ferramentas e recursos disponíveis, enfrentar e gerenciar emergências, desastres ou condições adversas que poderiam levar a um processo prejudicial causado por um fenômeno perigoso (UNISDR, 2009b). A capacidade de resposta das populações afetadas por desastres naturais é um conceito-chave na avaliação da vulnerabilidade (Billing; Madengruber, 2005). Esse componente pode ser medido em diferentes escalas, o que requer diferentes abordagens. Essa particularidade é o que possibilita uma compreensão completa do risco global de desastre em uma escala local.

No índice, a adaptação abrange capacidades, medidas e estratégias que permitem que as comunidades mudem e se transformem para lidar com as consequências negativas que se esperam dos perigos naturais e das mudanças climáticas. Portanto, esses mecanismos se concentram em recursos que permitem mudanças estruturais na sociedade. As subcategorias usadas no índice para capturar aspectos da adaptação e das capacidades adaptativas são: educação e pesquisa, equidade de gênero, *status* ambiental/proteção do ecossistema, estratégias de adaptação e investimentos.

## 2.2 Dados e métodos

No desenvolvimento de índices, várias metodologias foram utilizadas, como a análise estatística, usando Microsoft Excel e IBM SPSS, e a análise espacial, usando sistema de informações geográficas (GIS). Para a análise espacial e o mapeamento, os valores dos índices calculados foram divididos em cinco classes, utilizando o método quantil, que é integrado ao *software* ArcGIS 10. Assim, cada classe tem um número igual de características e todos os índices calculados diferem em suas faixas de valores, mas a classificação qualitativa de "muito alto", "alto", "médio", "baixo" e "muito baixo" foi estabelecida.

Nesse sentido, os componentes individuais de exposição e vulnerabilidade são mais relevantes para a comunicação e tomada de decisão do que o índice total agregado, uma vez que uma agregação sempre resulta em perda de diferenciação, como será discutido mais adiante (Birkmann et al., 2011).

### 2.2.1 Indicadores

O índice foi calculado com base em 36 indicadores, dos quais quatro referem-se à exposição a riscos naturais e 32 dizem respeito à vulnerabilidade social. O Quadro 2.1 exibe esses indicadores-síntese, seus respectivos componentes (exposição, suscetibilidade, capacidade de resposta, capacidade adaptativa) e subcategorias.

Os dados brutos de todos os indicadores selecionados foram extraídos de vários bancos de dados oficiais globais e brasileiros. Para a agregação do índice, todos os indicadores foram transformados em nível de classificação adimensional entre 0 e 1, isto é, eles podem ser lidos como valores percentuais para melhor compreensão. Os indicadores para calcular a exposição são explicados na próxima seção.

**Quadro 2.1** COMPONENTES COM SUBCATEGORIAS E INDICADORES SELECIONADOS PARA O ÍNDICE

| 1. Exposição | 2. Suscetibilidade | 3. Capacidade de lidar | 4. Capacidade de adaptação |
|---|---|---|---|
| **População exposta a:**<br>A) Deslizamentos<br>B) Inundações<br>C) Secas<br>D) Tempestades*<br>E) Aumento do nível do mar | **Infraestrutura pública**<br>A) % pessoas em domicílios com abastecimento de água e esgotamento sanitário inadequados<br><br>**Condições de habitação**<br>B) Taxa de população em aglomerados irregulares (favelas)<br>C) % pessoas em domicílios com material de construção inadequado<br>D) Grau de urbanização<br><br>**Nutrição***<br><br>**Pobreza e dependência**<br>E) Razão de dependência<br>F) % vulneráveis à pobreza<br><br>**Capacidade econômica e renda**<br>G) Renda *per capita*<br>H) Índice Gini | **Governança**<br>A) Índice de corrupção governamental<br><br>**Preparação para desastres e alerta rápido**<br>B) Medidas estruturais para reduzir risco de desastre<br>C) Gestão de risco de desastres para inundações<br>D) Gestão de risco de desastres para deslizamentos<br>E) População vulnerável a desastres (inundações, deslizamentos de terras) registrada em programas habitacionais<br>F) Estrutura local para resposta aos desastres<br><br>**Serviços médicos**<br>G) Número de médicos por 1.000 habitantes<br>H) Número de leitos hospitalares por 1.000 habitantes<br><br>**Redes sociais, família e autoajuda***<br><br>**Cobertura material**<br>I) Nível de cobertura de programa de transferência de renda (Bolsa Família, 2012) | **Educação e pesquisa**<br>A) Taxa de analfabetismo – 15 anos ou mais<br>B) % 15-24 anos no primário<br>C) % 18-24 anos no secundário<br>D) % 15-17 anos no superior<br><br>**Equidade de gênero**<br>E) Instituição responsável pela elaboração, coordenação e implementação de políticas para as mulheres com orçamento específico<br>F) Município tem plano de política para as mulheres<br>G) % mulheres chefes de família sem primário completo, com crianças com menos de 15 anos<br><br>**Estado ambiental/ proteção dos ecossistemas**<br>H) Políticas e ações específicas para o meio ambiente<br>I) Taxa de desmatamento<br>J) Unidades de conservação<br>L) Focos de queimadas (2014)<br><br>**Estratégias de adaptação**<br>M) Legislação e instrumentos de planejamento<br>N) Ferramentas específicas de planejamento para prevenção de desastres<br>O) Agenda de Compromissos dos Objetivos de Desenvolvimento do Milênio – Prefeito entrou para a Agenda de Compromissos<br><br>**Investimentos**<br>P) Expectativa de vida ao nascer |

*Indicadores sem dados, reduzida disponibilidade de dados, dados inexistentes ou sem possibilidade de validação.

## Exposição

A seleção dos perigos naturais para a composição do índice baseou-se em dois aspectos: os perigos naturais que ocorreram com maior frequência e os que causaram mais vítimas (pessoas afetadas e óbitos) entre 1991 e 2012 (UFSC, 2013). Nesse contexto, três perigos naturais selecionados – inundações, deslizamentos de terra e secas – provocaram 85,8% dos desastres registrados no Brasil naquele período, representando 85,8% das pessoas afetadas por desastres e causando 94,72% das mortes relacionadas a desastres. Além disso, a elevação do nível do mar foi levada em consideração, uma vez que é muito provável que, devido a mudanças climáticas adicionais, a elevação do nível do mar afete muitas zonas costeiras baixas e regiões de delta. Em 2010, segundo o Censo do Instituto Brasileiro de Geografia e Estatística (IBGE, 2010), 26,58% da população brasileira residia em cidades localizadas na zona costeira.

No índice, a dimensão *exposição* foi operacionalizada como exposição física (Fig. 2.2), que significa o potencial médio anual de indivíduos expostos a inundações, secas, deslizamentos de terra e elevação do nível do mar no Brasil. A Plataforma de Dados de Risco Global PREVIEW foi utilizada para os casos específicos de exposição a inundações e deslizamentos de terra. Essa plataforma é um esforço de múltiplas agências para compartilhar dados espaciais sobre o risco global relacionado aos perigos naturais. Nesse escopo, cada conjunto de dados de risco representa uma estimativa anual da população exposta. Isso inclui um componente probabilístico na frequência do respectivo risco e as informações sobre a distribuição da população com base no banco de dados de população do LandScan TM (*grid* de população ESRI, resolução de 1 km² para o ano de 2010). O uso do *grid* populacional é justificado pelo fato de ser uma imagem *raster* cujo *pixel* representa o número da população na área de 1 km². Assim, isso permite a distribuição espacial da população e a aplicação de técnicas de geoprocessamento com maior precisão na análise espacial. Outras unidades espaciais, como o setor censitário do IBGE, não foram utilizadas por não possuírem regularidade espacial e estatística.

O número de pessoas expostas por risco e por município brasileiro foi derivado a partir do cálculo das estatísticas zonais com o ArcGIS 10. Deve-se observar que os dados globais para exposição são baseados em cálculos de modelo e, portanto, alguma incerteza no modelo de cálculo deve ser considerada.

O indicador é baseado no número estimado de pessoas expostas a perigos por ano. Resulta da combinação da frequência (anual) de perigos (foco *ex-post*) e da população total que vive na unidade espacial exposta para cada evento. Assim, indica quantas pessoas por ano estão em risco. Os dados da população baseiam-se na população do país em 2010. O indicador depende da qualidade das estimativas populacionais e da precisão da estimativa de frequência de cada evento perigoso (Peduzzi et al., 2009).

Uma atualização no que diz respeito aos dados para deslizamento foi realizada para aprimorar o modelo. A fonte original (PREVIEW Global Risk Data Platform; http://preview.grid.unep.ch) apresentou lacunas e incongruências, principalmente na região sudeste do país, que é mais propensa a movimentos de massa. A nova fonte (Avaliação de Riscos de Deslizamentos de Terra para Consciência Situacional – LHASA/NASA; https://pmm.nasa.gov/applications/globallandslide-model) contém padrões espaciais mais coerentes e precisos com relação à literatura acadêmica e às características morfoclimáticas brasileiras.

Considerando os riscos emergentes associados às mudanças climáticas, bem como o considerável grupo populacional que habita a área costeira no Brasil, foi decidido, de acordo com a metodologia original, integrar a exposição ao aumento do nível do mar no índice. Como não havia informações sobre a exposição física ao aumento do nível do mar disponível na Plataforma PREVIEW, essa informação foi derivada da base de dados de imagens SRTM do *website* EarthExplorer (US Geological Survey – USGS). A informação foi usada para gerar uma curva de nível de 1 metro, correspondendo ao cenário de subida do nível do mar proposto pelo IPCC. A partir dos dados SRTM, foram produzidos modelos digitais de terreno e elaboradas curvas de nível com equidistância de 1 metro, utilizando ferramentas do *software* Global Mapper. Assim, pode-se estimar a população exposta ao aumento do nível de elevação para cada município costeiro brasileiro. A área impactada pela elevação do nível do mar projetada foi então usada para determinar a população exposta, com base no *grid* da população brasileira (mencionada anteriormente), combinada com estatísticas zonais criadas usando o ArcGIS 10. No entanto, o indicador para população exposta à elevação do nível do mar mede a proporção da população (em 2010) vivendo em uma área que pode ser afetada pelo aumento do nível do mar em 1 metro. Isso significa que há uma falta de componente probabilístico intrínseco aos outros três perigos para estimar a população exposta.

A população exposta por município no Brasil foi estimada através do cálculo da estatística zonal. No entanto, para reduzir o impacto da exposição ao aumento do nível do mar no índice global de exposição, esse indicador foi ponderado com 0,5, pois é um processo gradual e não possui um componente probabilístico.

A mesma ponderação (0,5) foi aplicada à população exposta à seca, dado que esse cálculo e os dados podem superestimar o número de população exposta, levando em consideração a complexidade desse fenômeno e os dados menos precisos (Peduzzi et al., 2009). Finalmente, toda a população exposta ao perigo foi calculada e dividida pela população total de cada município para obter-se um único índice de exposição por município.

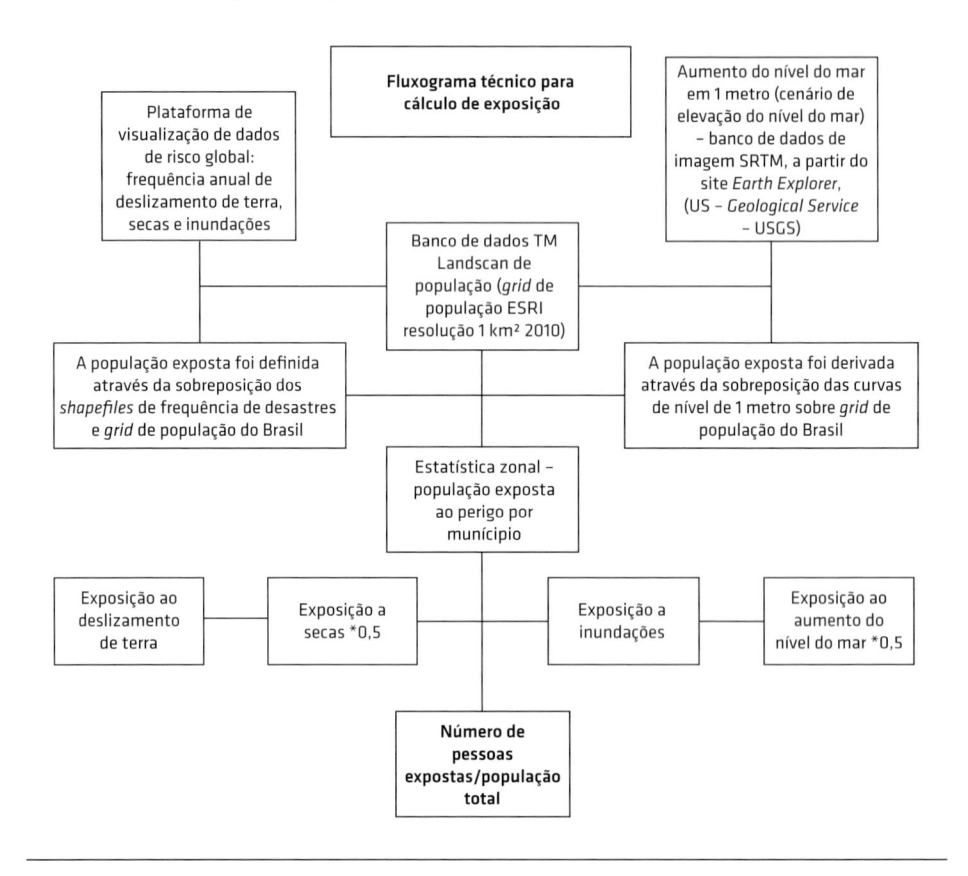

FIG. 2.2 *Fluxograma técnico para o cálculo da exposição*

## Suscetibilidade

O índice de suscetibilidade fornece uma visão geral dos indicadores usados para descrever a suscetibilidade de sociedades e grupos sociais aos riscos naturais, em nível local (município) com comparação local e regional. Esse componente compreende oito indicadores distribuídos em quatro subcategorias: capacidade econômica e renda, pobreza e dependências, condições de moradia e infraestrutura pública. Os dados nutricionais não puderam ser integrados à agregação do índice, pois os dados disponíveis não são adequados para a análise de escala dessa pesquisa. Os dados de entrada para os indicadores de suscetibilidade (A-H) foram convertidos em classificações não dimensionais com valores entre 0 e 1. Assim, o índice de suscetibilidade é agregado de acordo com os pesos declarados e suas informações espaciais contidas no mapa.

## Capacidade de lidar

O índice de capacidade de lidar ou de resposta foi calculado com base em vários indicadores que determinam a capacidade de um município de gerenciar ou reagir imediatamente ao impacto de um processo perigoso. Esse índice captura as condições materiais e os recursos utilizados por uma sociedade em uma emergência, como proteção material ou serviços médicos, bem como as estruturas que poderiam inibir o enfrentamento de um município, como corrupção, governança fraca e falta de preparação para desastres. É necessário esclarecer que a subcategoria redes sociais, família e autoajuda não pôde ser incluída devido a dados insuficientes na escala municipal. Para a agregação do índice, a falta de capacidade de enfrentamento é incluída, uma vez que a soma global dos componentes de vulnerabilidade será uma medida de deficiências nas capacidades da sociedade para lidar com os riscos naturais e os impactos das mudanças climáticas. A esse respeito, o valor de cada indicador é subtraído de 1 para compor a falta de capacidade de enfrentamento, que é exibido no mapa.

## Capacidade de adaptação

Os indicadores para capturar as características das capacidades de adaptação de um município e sua população buscam demonstrar as capacidades de resposta em longo prazo aos riscos naturais e/ou às mudanças climáticas. Esse componente indica a capacidade de uma sociedade/comunidade de se transformar ou se adaptar em um esforço para reduzir a vulnerabilidade a essas mudanças e impactos. O componente de capacidade adaptativa contém cinco subcategorias: educação e pesquisa, equidade de gênero, *status* ambiental/proteção do ecossistema, estratégias de adaptação e investimentos. Assim como no cálculo do índice de falta de capacidade de enfrentamento, a falta de capacidade adaptativa também foi agregada ao índice geral.

## Cálculo do índice DRIB

Foi demonstrado anteriormente que cada componente do índice – exposição, suscetibilidade, falta de capacidade de enfrentamento e falta de capacidade adaptativa – foi calculado separadamente. Com o objetivo de se obter uma visão geral da vulnerabilidade, a suscetibilidade dos componentes, a falta de capacidade de enfrentamento e a falta de capacidade adaptativa foram agregadas em um índice de vulnerabilidade que caracteriza as condições e os processos sociais essenciais para lidar com o risco de desastres no contexto das mudanças climáticas e dos riscos naturais. No geral, o índice de vulnerabilidade indica se um desastre pode ocorrer caso haja um risco natural. Em última análise, o índice de vulnerabilidade é multiplicado pela exposição, compreendendo a magnitude e a frequência dos perigos, para se obter o risco. A hipótese fundamental para a multiplicação da exposição é que, se uma sociedade vulnerável não estiver exposta a um perigo natural, o nível de risco será zero – mesmo que se saiba que, na prática, não existe risco zero. Os resultados do índice foram calculados com classificações não dimensionais com valores entre 0 e 1. A Fig. 2.3 exibe a fórmula que descreve como o índice foi calculado, incluindo suas ponderações para os componentes.

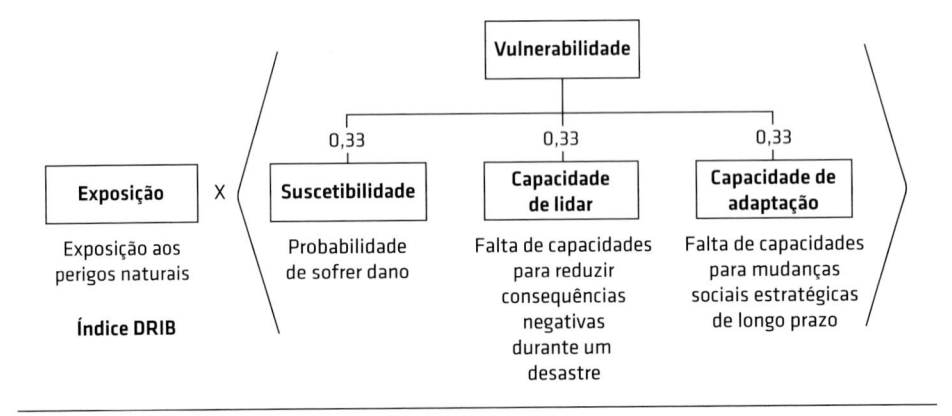

**Fig. 2.3** *Cálculo do índice DRIB*

### 2.2.2 Resultados

## Exposição

O mapa da Fig. 2.4 mostra a exposição potencial de municípios individuais a riscos naturais, como deslizamentos de terra, inundações e secas, bem como a exposição de populações a um metro de elevação do nível do mar para cada município na costa brasileira. Está claramente demonstrado que as principais regiões para exposição são os municípios localizados na Região Sul, na Região Norte, sobretudo na bacia do rio Amazonas, e nos municípios da costa leste da Região Nordeste (Fig. 2.4).

Em termos absolutos, as maiores áreas urbanas do Brasil têm enormes populações expostas a riscos naturais, particularmente as cidades do Rio de Janeiro, com mais de 2 milhões de pessoas expostas a deslizamentos de terra; São Paulo e Porto Alegre, respectivamente com 3,6 milhões e mais de 3 milhões de pessoas expostas a inundações; e São Paulo, Rio de Janeiro e Fortaleza, respectivamente com 1,12 milhão, quase 800 mil e mais de 650 mil pessoas expostas à seca. Com relação às consequências das mudanças climáticas, as grandes áreas urbanas do Brasil têm grandes populações potencialmente expostas ao aumento do nível do mar. As cidades de Vila Velha e Vitória (Espírito Santo), Santos (São Paulo) e Salvador (Bahia) apresentam alta exposição ao aumento do nível do mar, em termos tanto absolutos quanto relativos. Em termos relativos, 100% da população de Madre de Deus (Bahia) está potencialmente exposta ao aumento do nível do mar.

*Suscetibilidade*

Há uma evidente divisão norte-sul em relação à suscetibilidade no Brasil. A maioria dos municípios da região Norte (253 municípios, 56% de todos os municípios da região) apresenta níveis muito altos de suscetibilidade. Outra área com altíssimos índices desse componente é a Região Nordeste, com 791 municípios (44,1% de todos os municípios da região). Assim, 93,71% dos municípios de alta suscetibilidade estão concentrados nas regiões Norte e Nordeste (Fig. 2.5). Na região Nordeste, o Estado que mais mostrou municípios com altíssimos níveis de suscetibilidade foi o Maranhão (86,18% de todos os municípios do Estado). Dos 20 municípios mais suscetíveis, a maioria está localizada no Estado do Amazonas (15 municípios).

*Falta de capacidade de resposta*

Entre os 5.565 municípios do Brasil, 1.114 (20,02%) apresentam muito baixa capacidade de enfrentamento, o que significa simplesmente que um em cada cinco municípios tem sérias fragilidades em relação à capacidade de reagir imediatamente ou gerenciar os impactos de um desastre. No geral, não há padrão espacial aparente (Fig. 2.6), como havia com a suscetibilidade, mas a falta de capacidade de enfrentamento no Brasil é bastante difundida. A maior parte dos municípios com menos de 50 mil habitantes apresenta muitos problemas em lidar com desastres. Municípios nos Estados de Minas Gerais (seis municípios), São Paulo (quatro municípios) e Maranhão (três municípios – Brejo de Areia é o município que apresentou maior nível de falta de capacidade de enfrentamento) estão entre os 20 municípios de nível superior em termos de falta de capacidade para lidar com eventos adversos ou desastres. Entre os 100 municípios de maior nível, o resultado é semelhante ao anterior: 20 municípios em São Paulo e 38 em Minas Gerais.

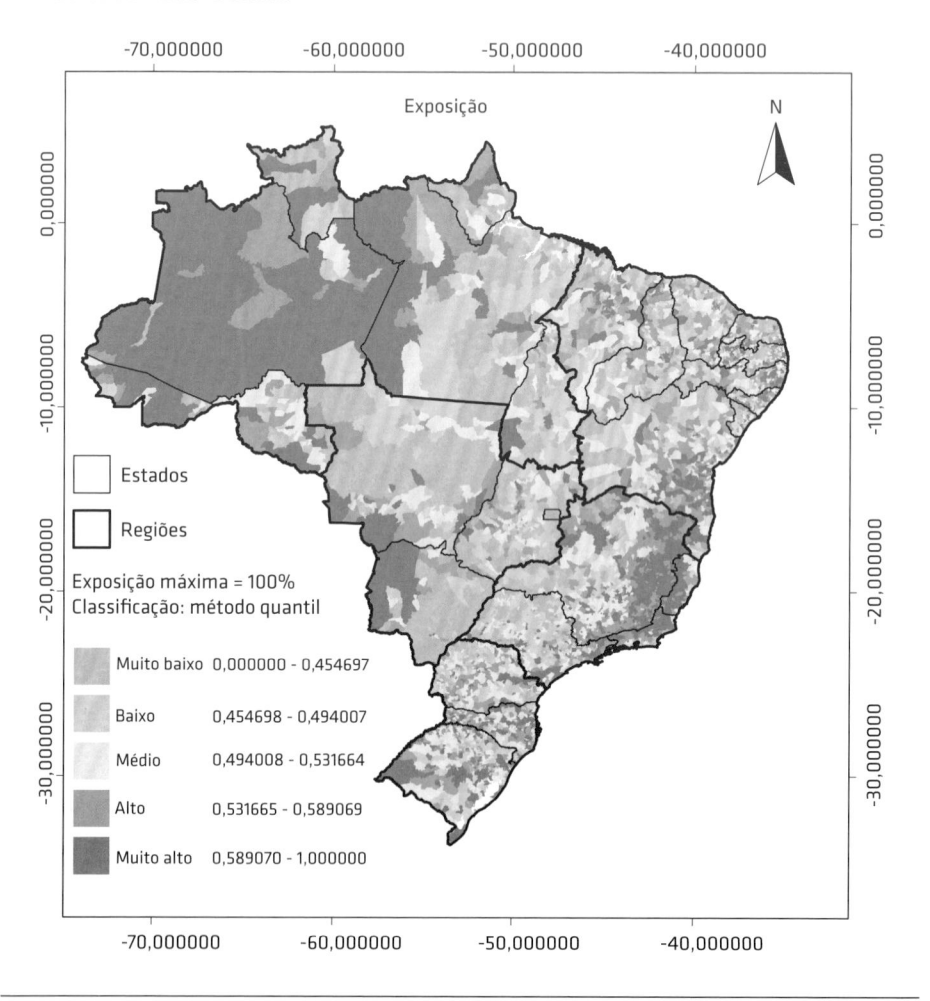

FIG. 2.4  *Mapa de exposição aos perigos naturais no Brasil*

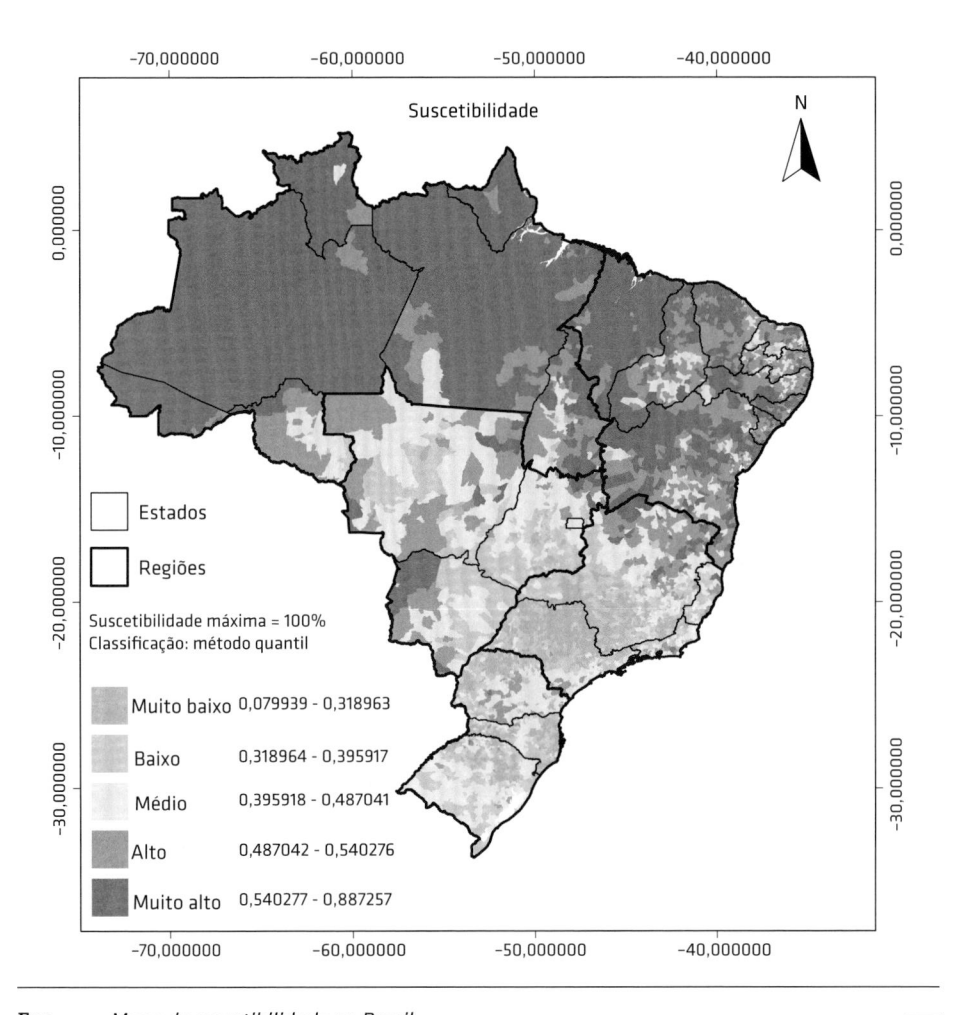

FIG. 2.5   *Mapa de suscetibilidade no Brasil*

## Falta de capacidade de adaptação

Os *hotspots* de falta de capacidade adaptativa podem ser notados claramente nos Estados do Piauí e Maranhão; nos municípios que fazem parte do arco do desmatamento na Floresta Amazônica (Acre, Rondônia, norte do Mato Grosso, Tocantins, Pará e Maranhão); na região agreste dos Estados do Rio Grande do Norte, Paraíba, Pernambuco, Alagoas e Sergipe; no sertão da Bahia; no norte e sudeste de Minas Gerais; e no oeste de São Paulo e no Vale do Ribeira, no mesmo Estado (Fig. 2.7). Dos 100 municípios com a mais severa falta de capacidade adaptativa, 75 estão localizados na região Nordeste do país, incluindo 22 municípios no Maranhão e 22 no Piauí. Entre os 20 principais municípios dessa categoria, é possível destacar novamente os Estados do Maranhão (quatro municípios) e do Piauí (quatro municípios).

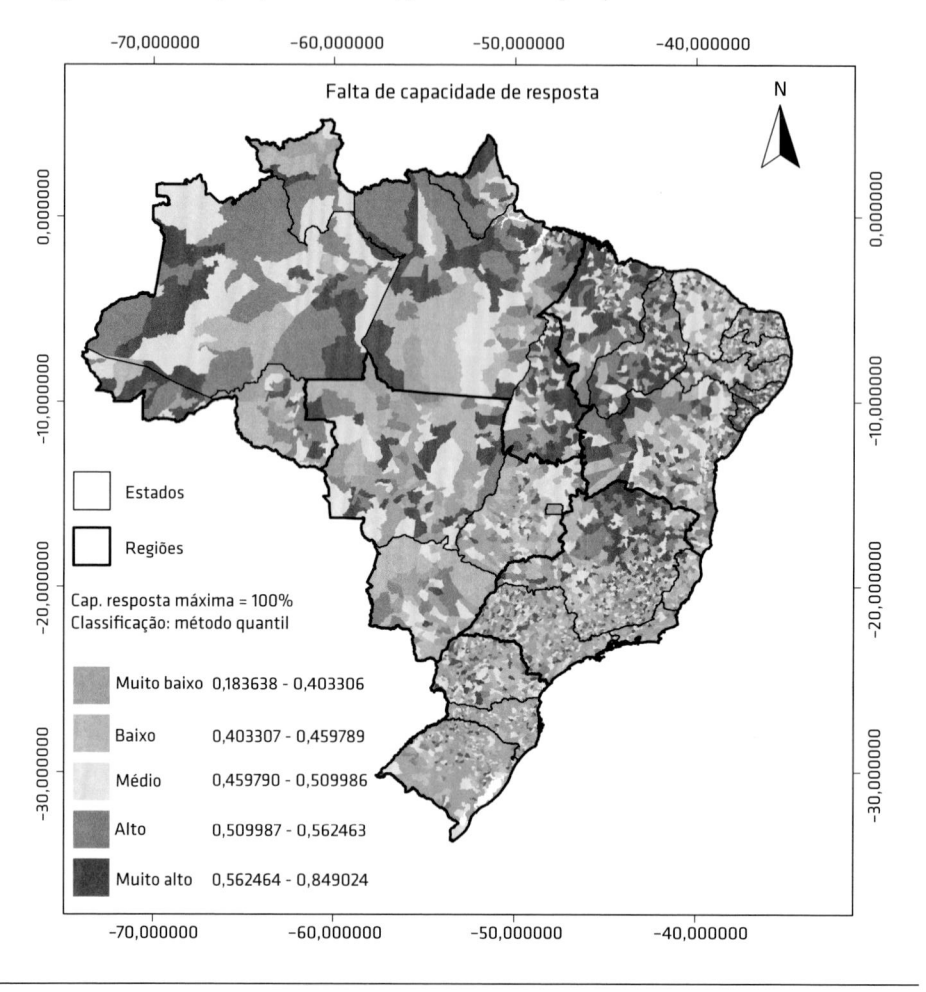

FIG. 2.6 *Mapa de falta de capacidade de resposta aos desastres no Brasil*

## Vulnerabilidade

Os *hotspots* de vulnerabilidade no Brasil (Fig. 2.8) estão claramente localizados nos municípios das regiões Norte e Nordeste. Outros estados possuem municípios com vulnerabilidade muito alta, mas são mais isolados espacialmente (como o norte de Minas Gerais e o Vale do Ribeira, no sul de São Paulo). No grupo de municípios com maior vulnerabilidade (1.113 municípios), oito Estados continham 778 municípios (69,9% desse grupo) nessa condição, quase todos nas regiões Norte e Nordeste. Além disso, ainda nesse grupo,

711 municípios estão na região Nordeste e 182, na região Norte, totalizando 893 municípios em altíssimo nível de vulnerabilidade, o que corresponde a 80,23% do grupo e 16,04% de todos os municípios do país. Entre os 100 municípios mais vulneráveis, cinco Estados concentram 69 municípios, dos quais 58 estão localizados nas regiões Norte e Nordeste.

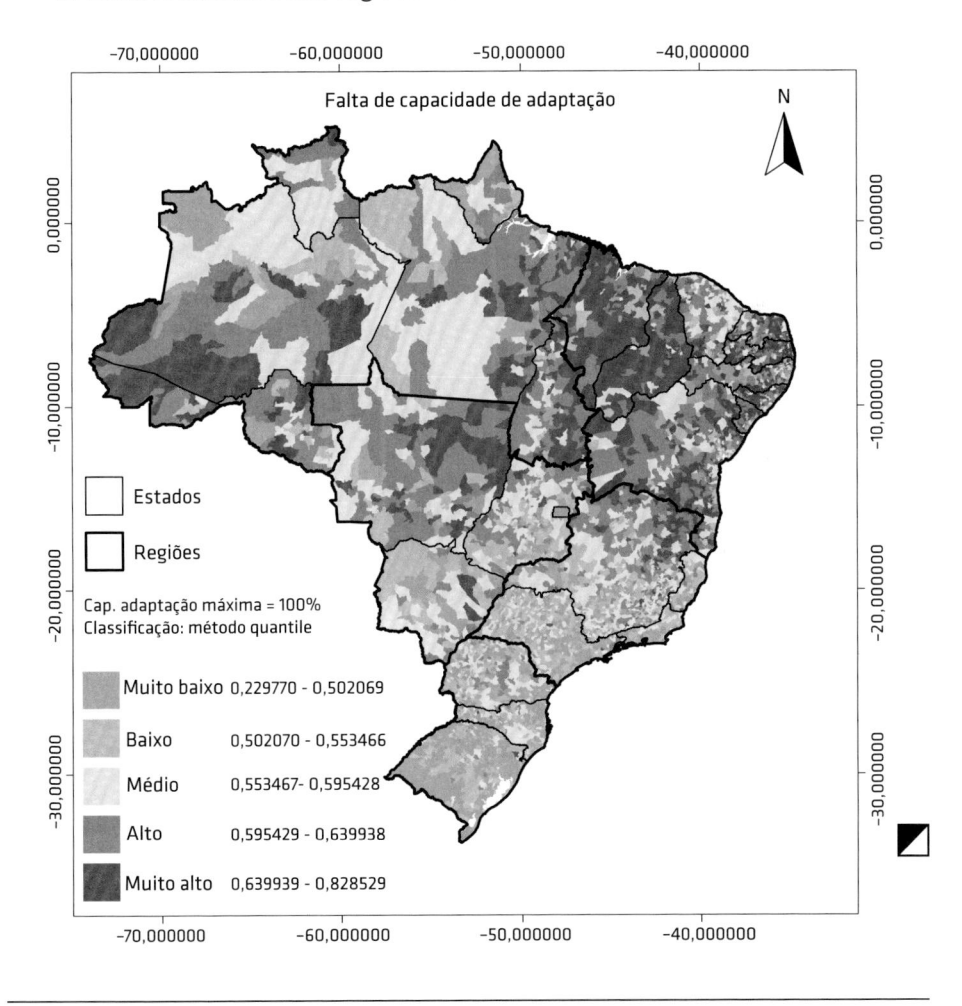

**FIG. 2.7** *Mapa de falta de capacidade de adaptação às consequências geradas por desastres e mudanças climáticas no Brasil*

## Índice de riscos de desastres no Brasil (índice DRIB)

O resultado final da construção do índice é o *mapa de risco de desastres*, que é um produto da análise de exposição e vulnerabilidade e que mostra as perspectivas de risco para os 5.565 municípios brasileiros em 2020.

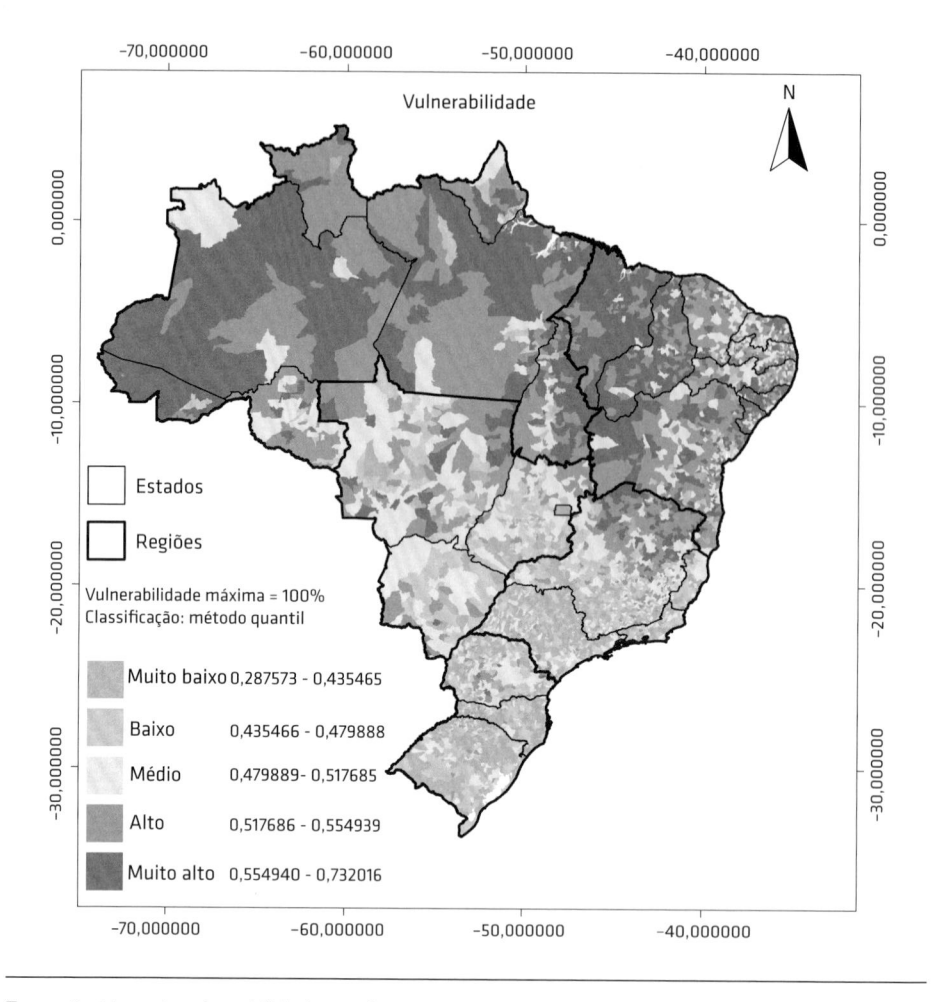

FIG. 2.8  *Mapa de vulnerabilidade aos desastres no Brasil*

A Fig. 2.9 mostra o resultado da fórmula apresentada na Fig. 2.2, combinando/sobrepondo a exposição a perigos naturais e mudanças climáticas com a vulnerabilidade nos municípios. Em geral, pode-se observar a forte influência da exposição no nível de risco final, pois os padrões espaciais dos municípios de risco alto e muito alto seguem os padrões gerais de exposição, com focos na região Norte, especialmente na bacia hidrográfica do Rio Amazonas; nos municípios da região costeira leste da região Nordeste; no norte de Minas Gerais; nas partes centrais e na área costeira de São Paulo; no centro-oeste do Paraná; no Vale do Rio Itajaí-Açu, em Santa Catarina; nas regiões montanhosas dos Estados de Minas Gerais, Espírito Santo, Rio de Janeiro, São Paulo, Paraná, Santa Catarina e Rio Grande do Sul; no Vale do Paraíba do Sul (São Paulo e Rio de Janeiro); na área costeira do Espírito Santo; e nas grandes áreas dos Estados do sul da região Centro-Oeste.

Oito dos dez principais municípios em risco têm um nível muito alto de exposição. No entanto, o risco pode ser reduzido nesses municípios em função de seus níveis moderados de vulnerabilidade. Nesse grupo, o altíssimo nível de exposição deve-se à alta exposição a deslizamentos de terra, principalmente em municípios localizados no centro-sul do país. Todavia, devido à vulnerabilidade muito alta nos municípios do Norte e Nordeste, eventos com a mesma magnitude podem causar consequências mais sérias, e esses municípios teriam mais dificuldades em lidar com os impactos de um desastre, se comparados aos municípios da região centro-sul do país.

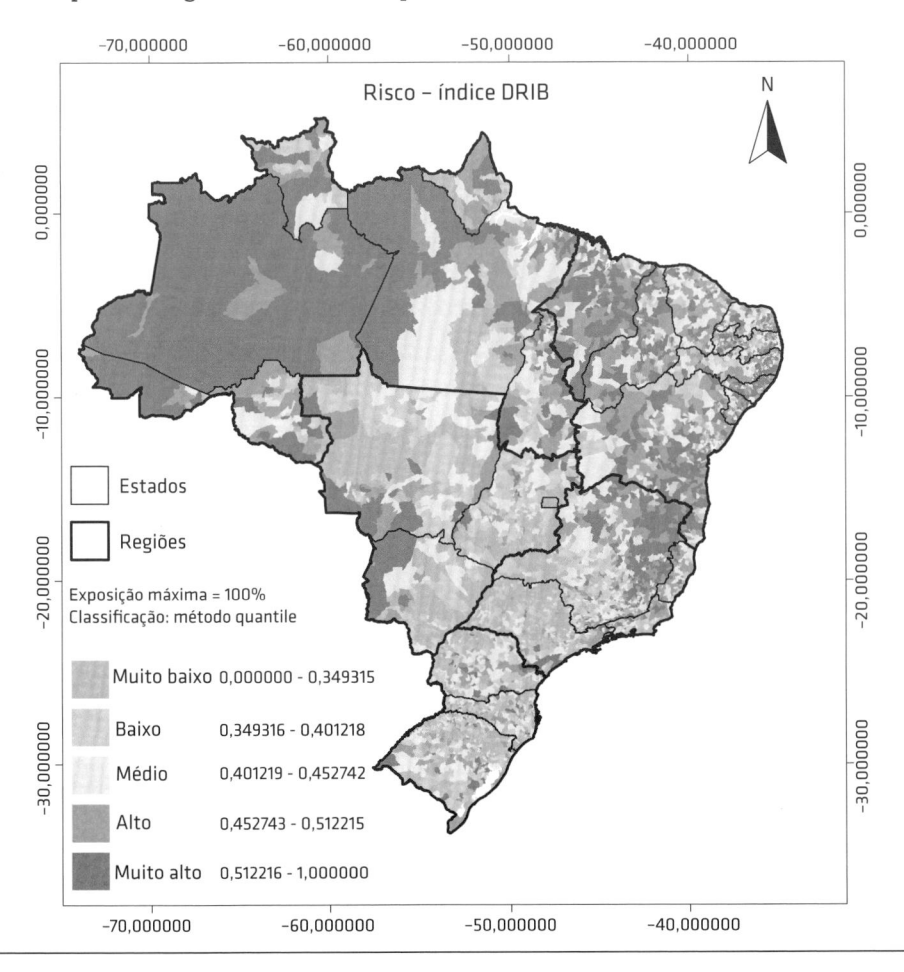

FIG. 2.9 *Mapa de risco de desastres – índice DRIB – no Brasil*

## 2.3 Discussão

Acima de tudo, a análise do índice de risco de desastres no Brasil (índice DRIB) mostra que os municípios em situações de risco muito alto, especialmente aqueles localizados na região Sul, têm exposição muito alta a desastres deflagrados por perigos naturais, mas possuem vulnerabilidade relativamente moderada a baixa, o que os torna menos suscetíveis e mais capazes de lidar com a ocorrência desses fenômenos e de se adaptar às mudanças sociais e ambientais que podem ocorrer a médio e longo prazo. Por outro lado, os municípios localizados na bacia do rio Amazonas (principalmente) e na região Nordeste enfrentam condições de alta exposição a perigos naturais (não tão altas quanto os municípios da região Sul), porém apresentam sérias condições de suscetibilidade e capacidades muito baixas para lidar, enfrentar e recuperar-se das condições adversas que surgem quando ocorre um desastre, além de possuírem uma capacidade muito baixa para se adaptar às mudanças sociais e ambientais atuais e futuras, considerando os cenários de mudança climática.

## 2.4 Conclusões

Essa pesquisa representa um esforço para avaliar a vulnerabilidade e o risco de forma mais abrangente, considerando indicadores de exposição, suscetibilidade e capacidades de enfrentamento e adaptativa, os quais descrevem a vulnerabilidade a eventos passados. O índice de risco de desastre é uma abordagem quantitativa que busca um conceito de análise de risco e vulnerabilidade integrando escalas nacionais e locais (Welle; Birkmann, 2015).

No entanto, a capacidade dessas ferramentas e conjuntos de dados de capturar riscos e vulnerabilidades específicas do local é limitada até certo ponto, então se tornam necessárias abordagens em escala local para apreender características específicas de vulnerabilidade (por exemplo, redes sociais, governança de risco e desempenho de governos locais no gerenciamento de riscos de desastres) e exposição (por exemplo, avaliação de contexto geoambiental).

Especificamente, os resultados dos indicadores de risco de desastres no Brasil mostraram que o risco está fortemente entrelaçado às condições socioeconômicas e culturais e ao cotidiano normal, bem como ao desempenho das instituições estatais que lidam com a RRD, ou seja, a vulnerabilidade. As tendências espaciais de risco e vulnerabilidade a desastres, produtos dessa pesquisa, também têm enfatizado as sérias desigualdades entre as regiões do país e dentro delas, que resultam em barreiras ao desenvolvimento da RRD no Brasil como um todo.

Além disso, o uso dos resultados dos índices de vulnerabilidade e exposição, ambos tomados na sua totalidade, mas principalmente considerando os componentes individualmente, tem um potencial significativo para contribuir para a tomada de decisões e ações específicas para a RRD. Como um todo, o método revela as disparidades espaciais em relação ao risco potencial da população para perigos naturais. Entretanto, se os componentes são tomados de forma desagregada e isolada, os resultados destacam as sérias condições em termos de indicadores sociais (suscetibilidade) e a fragilidade na tomada de decisão e nas estruturas básicas para lidar com desastres nos municípios brasileiros (capacidades de enfrentamento) e explicar problemas de ordem ambiental, social e de governança em relação às capacidades adaptativas às mudanças ambientais impostas pelos desastres e mudanças climáticas.

Portanto, os resultados quantitativos e os padrões espaciais que foram estabelecidos sobre os indicadores de risco de desastre podem estimular discussões adicionais no nível acadêmico e no nível de governança de risco sobre como reduzir a exposição e a suscetibilidade e, ao mesmo tempo, melhorar a capacidade para lidar e adaptar-se às consequências dos perigos naturais, por outro lado.

Apesar das recentes melhorias relacionadas ao planejamento, tomada de decisões, cultura de risco e discussão acadêmica sobre desastres no Brasil, especialmente após o desastre na região serrana do Rio de Janeiro, em janeiro de 2011, muito esforço ainda é necessário para tornar o país mais resiliente aos desastres atuais e futuros, com atenção especial ao nível local, sendo o município o mais problemático, do ponto de vista da RRD.

Considerando a extensão do território brasileiro e as lacunas no que diz respeito à tomada de decisão em RRD, em termos de pesquisa e produção de conhecimento sobre o assunto (especialmente em escala local), e dado que o assunto é atual e recentemente houve um aumento da conscientização da questão na sociedade brasileira (por governos, empresas, ONGs e pela sociedade como um todo), os resultados deste estudo, com a visão geral e os padrões espaciais de risco de desastre no Brasil, têm um enorme potencial para estabelecer novas pesquisas em nível local (municípios, regiões metropolitanas, bacias hidrográficas etc.), também com grandes possibilidades de parcerias interinstitucionais no Brasil e entre instituições de pesquisa nacionais e estrangeiras, agregando pesquisadores de múltiplas disciplinas para melhorar o desempenho da capacidade brasileira de RRD através da produção de conhecimento.

## Referências bibliográficas

ALMEIDA, L.; ARAUJO, A.; WELLE, T.; BIRKMANN, J. DRIB Index 2020: Validating and Enhancing Disaster Risk Indicators in Brazil. *International Journal of Disaster Risk Reduction*, v. 42, 2019. DOI 101346. 10.1016/j.ijdrr.2019.101346.

BILLING, P.; MADENGRUBER, U. 2005. *Coping Capacity*: Towards Overcoming the Black Hole. European Commission: Directorate-General for Humanitarian Aid (ECHO). In: WORLD CONFERENCE ON DISASTER REDUCTION, Kobe/Japan, 18-22 Jan. 2005.

BIRKMANN, J. *Measuring Vulnerability to Natural Hazards* – Towards Disaster Resilient Societies. Tokyo, Japan: United Nations University Press, 2006. 450 p.

BIRKMANN, J.; WELLE, T.; KRAUSE, D.; WOLFERTZ, J.; CATALINA SUAREZ, D.; SETIADI, N. *WorldRiskIndex*: Concept and Results. WorldRiskReport, 2011. Alliance Development Works, 13-42, 2011. ISBN 978-3-9814495-1-8.

CARDONA, O. D. Environmental management and disaster prevention: Holistic risk assessment and management. In: INGLETON, J. (Ed.). *Natural Disaster Management*. London: Tudor Rose, 1999.

CARDONA, O. D.; VAN AALST, M. K.; BIRKMANN, J.; FORDHAM, M.; MCGREGOR, G.; PEREZ, R.; PULWARTY, R. S.; SCHIPPER, E. L. F.; SINH, B. T. Determinants of risk: exposure and vulnerability. In: FIELD, C. B.; BARROS, V.; STOCKER, T. F.; QIN, D.; DOKKEN, D. J.; EBI, K. L.; MASTRANDREA, M. D.; MACH, K. J.; PLATTNER, G.-K.; ALLEN, S. K.; TIGNOR, M.; MIDGLEY, P. M. (Ed.). *Managing the Risks of Extreme Events and Disasters to Advance Climate Change Adaptation*. A Special Report of Working Groups I and II of the Intergovernmental Panel on Climate Change (IPCC). Cambridge, UK; New York, NY, USA: Cambridge University Press, 2012. p. 65-108.

FIELD, C. B.; BARROS, V.; STOCKER, T. F.; QIN, D.; DOKKEN, D. J.; EBI, K. L.; MASTRANDREA, M. D.; MACH, K. J.; PLATTNER, G.-K.; ALLEN, S. K.; TIGNOR, M.; MIDGLEY, P. M. (Ed.). *Managing the Risks of Extreme Events and Disasters to Advance Climate Change Adaptation*. A Special Report of Working Groups I and II of the Intergovernmental Panel on Climate Change (IPCC). Cambridge, UK; New York, NY, USA: Cambridge University Press, 2012. 582 p.

IBGE – INSTITUTO BRASILEIRO DE GEOGRAFIA E ESTATÍSTICA. *Aglomerados subnormais*. Censo Demográfico, 2010. Disponível em: <http://www.ibge.gov.br/home/estatistica/populacao/censo2010/aglomerados_subnormais/aglomerados_subnormais_tab_brasil_zip.shtm>.

IDEA – INSTITUTO DE ESTUDIOS AMBIENTALES. *Indicators of Disaster Risk and Risk Management*. Main Technical Report, IADB/IDEA Program of Indicators for Disaster Risk Management, Universidad Nacional de Colombia, Manizales, 2005.

PEDUZZI, P.; DAO, H.; HEROLD, C.; MOUTON, F. Assessing Global Exposure and Vulnerability Towards Natural Hazards: the Disaster Risk Index. *Natural Hazards and Earth System Sciences*, v. 9, p. 1149-1159, 2009.

UFSC – UNIVERSIDADE FEDERAL DE SANTA CATARINA. *Atlas Brasileiro de Desastres Naturais*: 1991 a 2012. 2. ed. rev. ampl. Florianópolis: Centro Universitário de Estudos e Pesquisas sobre Desastres/UFSC, 2013.

UNDP – UNITED NATIONS DEVELOPMENT PROGRAMME. *Reducing Disaster Risk*: A Challenge for Development, A Global Report. New York, NY: UNDP, 2004.

UNISDR. *Global Assessment Report on Disaster Risk Reduction*: Risk and Poverty in a Changing Climate-Invest Today for a Safer Tomorrow. Geneva, 2009a. 207 p.

Disponível em: <http://www.preventionweb.net/english/hyogo/gar/report/index.php?id=9413>.

UNISDR. *Living with Risk*: A Global Review of Disaster Reduction Initiatives. Volume I. New York; Geneva: United Nations, 2004.

UNISDR. *Terminology on Disaster Risk Reduction*. UNISDR, 2009b.

WELLE, T.; BIRKMANN, J. The World Risk Index: An Approach to Assess Risk and Vulnerability on a Global Scale. *Journal of Extreme Events*, v. 2, n. 1, 2015. 34 p. Disponível em: <http://www.worldscientific.com/doi/abs/10.1142/S2345737615500037>.

WELLE, T.; BIRKMANN, J.; RHYNER, J.; WITTING, M.; WOLFERTZ, J. *WorldRiskIndex* 2012: Concept, Updating and Results. WorldRiskReport 2012. HRSG, Bündnis Entwicklung Hilft, Aachen, Germany, 2012. p. 11-27.

WELLE, T.; BIRKMANN, J.; KRAUSE, D.; SUAREZ, D. C.; SETIADI, N.; WOLFERTZ, J. The WorldRiskIndex: A Concept for the Assessment of Risk and Vulnerability at Global/National Scales. In: BIRKMANN, J. (Ed.). *Measuring Vulnerability to Natural Hazards*: Towards Disaster Resilient Societies. 2. ed. New York: United Nations University, 2013. p. 219-251.

WISNER, B.; BLAIKIE, P.; CANNON, T.; DAVIES, I. *At Risk*: Natural Hazards, People's Vulnerability and Disasters. London, New York: Routledge, 2004.

# três

## RISCOS HIDROMETEOROLÓGICOS: EXEMPLOS DO LESTE DO CANADÁ

*Guillaume Fortin*

Diversos processos associados a riscos naturais estão relacionados a forças terrestres internas, como terremotos que são desencadeados por atividade tectônica e erupções vulcânicas. Nesses casos, geralmente nos referimos a riscos geográficos. Em contrapartida, forças externas que agem perto da superfície da Terra (componentes atmosféricos e hidrológicos do sistema terrestre) também causam riscos naturais, os quais são chamados de riscos hidroclimáticos ou hidrometeorológicos. Ademais, certos tipos de riscos, como movimentos de massa, dependem tanto de forças internas quanto de forças externas.

Nas seções que se seguem, focaremos nos riscos hidrometeorológicos e hidroclimáticos. Nossa tarefa é complicada, tendo em vista que, com base na literatura mais recente a respeito do tema, não há consenso sobre a definição de riscos hidrometeorológicos e hidroclimáticos. Alguns autores usam os dois termos como sinônimos, muitas vezes sem defini-los, enquanto outros procuram fornecer critérios mais ou menos precisos com o objetivo de distinguir os dois tipos de riscos e evitar possíveis confusões entre eles.

Garrick et al. (2013), por exemplo, definem riscos hidroclimáticos como uma forma de "diagnosticar riscos climáticos comuns para bacias semiáridas com 'hidrologia difícil' – um conjunto de riscos hidroclimáticos definimos por baixo escoamento, alta variação climática e exposição a eventos climáticos extremos". Nesse caso, "riscos hidroclimáticos correspondem a uma função da exposição à variabilidade e aos extremos, e ao nível de vulnerabilidade, que é influenciada pela dependência da água, capacidade de armazenamento e desenvolvimento econômico". Essa definição destaca de forma clara a importância da água, que segue na mesma direção do que aponta Quemada (1983), o qual define *hidroclimática* como uma "sucessão habitual de características de uma camada de água de determinado local".

A importância da água está presente tanto nos riscos hidroclimáticos quanto nos riscos hidrometeorológicos, mas a adição do conceito de duração é, em nossa opinião, o fator principal que torna possível diferenciar esses dois tipos de riscos.

Os riscos hidroclimáticos geralmente são mais persistentes ao longo do tempo, ocorrendo durante vários dias, semanas e meses, ou até por mais tempo, como nos casos de seca, os quais podem levar à expansão da aridez. Por outro lado, os riscos qualificados como hidrometeorológicos referem-se aos casos extremos de curta duração (inferior a uma semana), em que há excesso ou falta de água. Por exemplo, de acordo com a terminologia usada pelo Grupo de Trabalho de Especialistas Intergovernamentais sobre Indicadores e Terminologias relacionadas à Redução de Riscos de Desastres (United Nations General Assembly, 2016), riscos hidrometeorológicos

> são de origem atmosférica, hidrológica ou oceanográfica. São exemplos: ciclones (conhecidos também como tufões e furacões); inundações, incluindo as inundações repentinas; secas; ondas de calor e períodos frios; e tempestades costeiras. As condições hidrometeorológicas podem também ser um fator de outros riscos, como os deslizamentos de terra, incêndios florestais, pragas de gafanhotos, epidemias e transporte e dispersão de substâncias tóxicas e material de erupção vulcânica.

Note que, nessa definição, o conceito de tempo está ausente, sem haver distinção entre riscos hidroclimáticos e hidrometeorológicos. A mesma observação aplica-se para CRED (2008), que usa o termo *hidrometeorológico* de modo inclusivo, referindo-se tanto a fenômenos classificados como *climatológicos* (temperaturas e precipitações extremas) como para fenômenos *hidrológicos* (inundações, secas) e *climáticos* (tempestades, furações e tornados).

Cometti (2010), entretanto, faz distinção entre *eventos hidrometeorológicos* e *processos hidrometeorológicos*. Estes últimos são riscos de origem hidrometeorológica que são constantes ao longo do tempo, como o aumento do nível do mar, a desertificação e o aumento da falta de água, enquanto os "eventos hidrometeorológicos" são riscos repentinos, grandiosos e com tempo limitado, como as inundações, as tempestades, os ciclones e as ondas de calor ou frio. Contudo, essa distinção diz respeito, em nossa opinião, à diferença entre riscos hidroclimáticos (processos) e riscos hidrometeorológicos (eventos).

De acordo com nosso ponto de vista, é importante diferenciar os dois conceitos, ou, ao menos, é preciso esclarecer desde então que ambos são usados de forma intercambiável. Com o objetivo de simplificar o texto e evitar qualquer confusão, decidimos que nas próximas seções será utilizado o termo *risco hidrometeorológico* em sentido amplo, incluindo, dessa forma, os riscos de longas durações que podem ser mais adequadamente descritos como hidroclimáticos.

Dois entendimentos importantes que estão relacionados aos riscos hidrometeorológicos são a atribuição e a detecção de eventos extremos. Segundo Zwiers et al. (2011), a detecção pode ser definida como a identificação de ocorrência de uma mudança, enquanto a atribuição é a avaliação de contribuições de fatores causais (antropogênicos, naturais, entre outros). Atualmente, o conhecimento sobre o clima de longo prazo está disponível em uma vasta literatura com alto grau de confiança em relação às médias globais e regionais e às temperaturas extremas. Há também uma literatura que está se expandindo, a qual contém evidências emergentes, de média ou baixa confiança, sobre precipitações extremas. Esse conhecimento, por sua vez, tem consequências diretas em nossa capacidade de detectar, adaptar e mitigar riscos hidrometeorológicos.

Melhorar a capacidade de detectar e atribuir eventos extremos é crucial, tendo em vista que na maior parte do mundo os riscos mais importantes e frequentes, os quais impactam mais fortemente os ecossistemas naturais, são de origem hidrometeorológica (Easterling et al., 2000) (Tab. 3.1).

## 3.1 Riscos hidrometeorológicos no Canadá

No Canadá, entre os anos de 2000 e 2017, estima-se que os custos financeiros de eventos extremos excederam 28 bilhões de CAD (ou 20 bilhões de USD) (Schuster-Wallace; Sandford; Merrill, 2019). Em um país grande como o Canadá, os riscos hidrometeorológicos variam amplamente por região. Por exemplo, nas Montanhas Rochosas Canadenses, a oeste do país, veem-se muitas avalanches de neve, enquanto nas Pradarias Canadenses,

**Tab 3.1** Distribuição global de riscos naturais de acordo com a origem, 1900- 2005 (por décadas)

| Tipo de risco | 1900-1909 | 1910-1919 | 1920-1929 | 1930-1939 | 1940-1949 | 1950-1959 | 1960-1969 | 1970-1979 | 1980-1989 | 1990-1999 | 2000-2005 | Total |
|---|---|---|---|---|---|---|---|---|---|---|---|---|
| Hidrometeorológico | 28 | 72 | 56 | 72 | 120 | 232 | 463 | 776 | 1.498 | 2.034 | 2.135 | 7.486 |
| Geológico | 40 | 28 | 33 | 37 | 52 | 60 | 88 | 124 | 232 | 325 | 233 | 1.252 |
| Biológico | 5 | 7 | 10 | 3 | 4 | 2 | 37 | 64 | 170 | 361 | 420 | 1.083 |
| Total | 73 | 107 | 99 | 112 | 176 | 294 | 588 | 964 | 1.900 | 2.720 | 2.788 | 9.821 |

Fonte: CRED e SIPC (s.d. apud Cometti, 2010).

a leste, veem-se secas e inundações de primavera como principais riscos (Conrad, 2009). Em todas as partes do Canadá há inundações. Nos últimos anos, especialmente em 2018 e 2019, Quebec e New Brunswick foram gravemente afetadas por inundações excepcionais de primavera, como resultado principalmente do rápido degelo da neve associado à chuva intensa e frequentemente agravado por geadas (de gelo) (Lindenschmidt et al., 2018).

De acordo com a Base de Dados de Desastres do Canadá (Public Safety Canada, 2013), em todo o país, desde 1900, houve um total de 854 desastres naturais registrados, os quais incluem três categorias: biológica (17 casos, ou 2%), hidrometeorológica (789 casos, ou 92,4%) e geológica (48 casos, ou 5,6%).

Na província de New Brunswick, durante o mesmo período, notamos primeiramente que três tipos de riscos estão ausentes, quais sejam: avalanches, tornados e incêndios florestais. Entretanto, deve-se considerar que a ausência desses riscos, tal como indicado pelas Bases de Dados de Desastres do Canadá (Public Safety Canada, 2013), não significa necessariamente que não houve eventos, uma vez que a cobertura do banco de dados não é exaustiva. Por exemplo, a partir de jornais, Mallet, Fortin e Germain (2018) encontraram 46 incêndios florestais ocorridos no nordeste de New Brunswick, de 1950 a 2010.

No leste do Canadá, existem diferentes tipos de riscos, os quais variam dependendo da estação. Variações de temperatura e precipitação (em tipo e quantidade) resultam em uma sucessão de eventos climáticos extremos, tais como neve ou tempestades de gelo, formação de lagos ou rios de gelo que podem criar geadas (de gelo) durante as mudanças nas estações, ondas de calor que levam a inundações no inverno ou ciclos alternados de congelamentos ou descongelamento (degelo), que modificam as trocas térmicas, energéticas e hidrológicas entre a superfície da Terra, a neve e a atmosfera.

Com o objetivo de apresentar uma visão geral dos processos e mecanismos que favorecem a ocorrência de certos tipos de riscos hidrometeorológicos, serão apresentados dois exemplos de riscos que ocorrem no leste do Canadá. O primeiro exemplo refere-se às avalanches de neve que acontecem em Gaspésie (Quebec, Canadá), e o segundo exemplo diz respeito às inundações de rio que ocorrem no sul da província de New Brunswick.

### 3.1.1 Avalanches de neve na Península de Gaspé – um risco de inverno

A criosfera é um subsistema terrestre que agrupa todas as superfícies da Terra cobertas de neve e de gelo. Isso inclui componentes cruciais como neve, gelo, geleiras e mantos de gelo, gelo de rio, solos congelados e pergelissolo (*permafrost*). Essa esfera representa um indicador confiável de mudanças espaçotemporais no clima, uma vez que é particularmente sensível a aumentos de temperatura (Slaymaker; Kelly, 2007). Os impactos do aquecimento global recente na neve e no congelamento são especialmente evidentes nas regiões frias do Hemisfério Norte, onde os limites das extensões de espaço e tempo da criosfera foram modificados (Brown; Robinson, 2011). Esses distúrbios nas condições climáticas durante as estações frias trazem consequências à frequência e à intensidade dos riscos hidrometeorológicos, tais como avalanches, fluxos de lama e geadas (de gelo). Esse é o caso da avalanche na Península de Gaspé, que é afetada pela grande variação climática que caracteriza seu território, localizado em uma zona de transição climática, onde diversos sistemas meteorológicos se encontram (Fortin; Hétu, 2014).

A península de Gaspé localiza-se no extremo leste da província de Quebec, no Canadá (Fig. 3.1), e é uma das regiões em que mais neva no sul do Canadá. Isso se justifica devido à sua localização, no cruzamento de vários sistemas climáticos, fato que favorece o provimento de precipitação abundante (Fortin; Hétu, 2014). A Península recebe quase 800 mm de chuva anualmente, dos quais aproximadamente 35% são na forma de neve (Gagnon, 1970). A cobertura de neve nessa região está associada a vários tipos de riscos naturais, como inundações provocadas por episódios de chuva na neve ou episódios de calor intenso, que podem causar inundações repentinas durante períodos frios ou derretimento de primavera. Outro tipo de risco encontrado na região são as avalanches de neve que se dão nas encostas da costa do Golfo de São Lourenço, ou no interior das montanhas Chic Choc e McGerrigle, localizadas nas Montanhas Apalaches (Fig. 3.1).

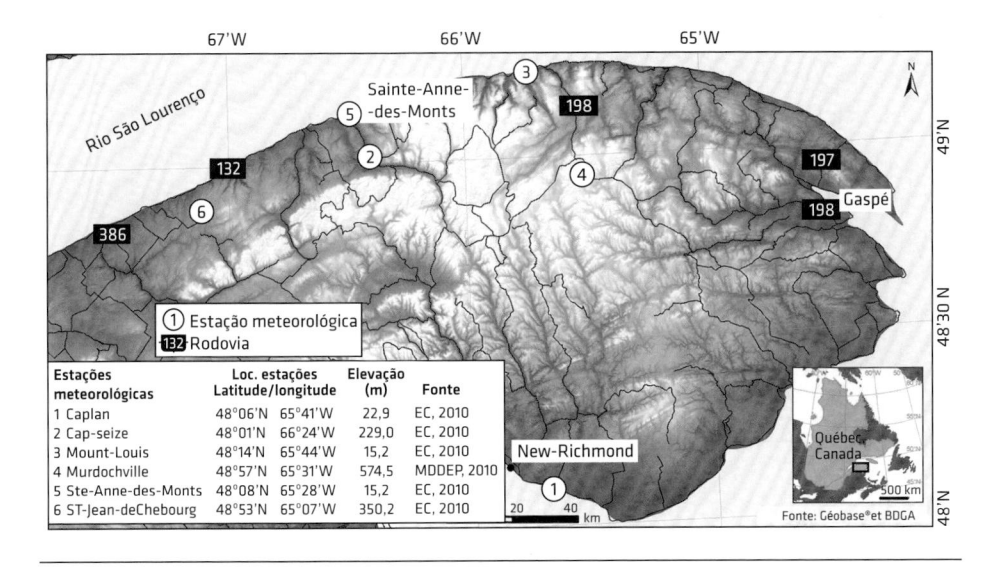

**FIG. 3.1** *Península de Gaspé, incluindo as principais estações meteorológicas espalhadas pela área de estudo*

Fonte: adaptado de Fortin e Hétu (2014).

A atividade de avalanche na província de Quebec não é um fenômeno novo, já que houve ao menos 75 mortes desde 1825 e no mínimo 45 avalanches fatais, para as quais devemos acrescentar "cerca de cinquenta feridos, o que coloca as avalanches como o segundo risco natural mais mortal na província, logo atrás dos movimentos no campo" (Hétu; Fortin; Brown, 2015; Landry et al., 2013). Nos últimos anos, um esforço especial tem sido feito por parte do governo na região de Gaspé para diminuir os riscos associados às avalanches de neve, sobretudo por meio da prevenção, que é voltada principalmente aos esquiadores do interior. Estima-se que houve um crescimento de aproximadamente 740% da prática de esqui no interior, entre 2001 e 2017 (Béland, 2020). Esse aumento no número de praticantes por lazer aumentou o risco "voluntário" (Jamieson; Stehem, 2002), um conceito que se aplica às atividades cujos riscos envolvidos seus praticantes conhecem. Esse conceito está em contraste com o de risco involuntário, o qual se aplica às pessoas que realizam atividades em zonas de risco sem estarem cientes dos riscos. Por exemplo, um risco involuntário pode ocorrer durante o trabalho, seja cortando árvores na floresta, seja construindo ou realizando a manutenção de redes de transporte ou telecomunicação.

A exposição ao risco discutida aqui levanta várias questões, tais como: o risco de avalanche em Gaspé pode ser prioritariamente relacionado ao aumento da vulnerabilidade, sendo explicado pelo aumento do número de esquiadores em áreas de risco, ou o fenômeno de avalanche é um risco que vem aumentando? Para o aumento do risco, isso implicaria que as condições climáticas são mais favoráveis ao desencadeamento de avalanches devido ao aquecimento global mais recente, por exemplo. A resposta não é simples, contudo: como em muitos outros tipos de perigos naturais, as mudanças são frequentemente motivadas pela combinação de fatores humanos e naturais. Nesse sentido, Mallet, Fortin e Germain (2018) observaram que, para vários tipos de riscos no nordeste de New Brunswick (uma região de fronteira localizada no sul da Península de Gaspé), há um aumento na intensidade e na frequência dos riscos, que pode se dar devido ao aquecimento global recente e também ao aumento da população em áreas de risco, com mais pessoas vivendo perto da costa e estando expostas a tempestades, por exemplo.

### *Risco de avalanche – uma dinâmica complexa entre relevo, neve e clima*

Em se tratando de avalanches de neve, diferentes mecanismos e processos contribuem para seu estabelecimento e desencadeamento. As avalanches costumam estar relacionadas a eventos climáticos extremos. Nos últimos anos, diversos estudos foram realizados a respeito de condições de neve (Hétu et al., 2016), condições climáticas locais, regionais e sinópticas durante períodos frios (Germain; Filion; Hétu, 2009; Hétu, 2007; Hétu; Fortin; Brown, 2015) e influência das dimensões geomorfológicas (Fortin et al., 2015; Germain, 2016; Germain; Filion; Hétu, 2005), com vistas a entender melhor as condições de inverno favoráveis ao desencadeamento de avalanches em Quebec.

Trabalhos recentes realizados em Gaspé determinaram que o risco de avalanche está concentrado em dois tipos principais de ambientes: encostas de seixos e corredores estreitos com blocos de gelo. Esses dois ambientes têm padrões de neve muito diferentes. Tempestades de neve parecem ser a principal causa de avalanches nas encostas de seixos e, combinadas com fortes depressões, deixam para trás quantidades significativas de neve no chão, a qual, nas horas ou dias seguintes ao fim da tempestade, é rapidamente transportada pelas encostas. Longe de ser específico para a região de estudo, esse fenômeno foi observado e documentado em outras partes do mundo (Ward, 1984; Reardon; Fagre; Steiner, 2004; Jomelli et al., 2007).

O segundo tipo de ambiente favorável para avalanches, os corredores estreitos com conchas de gelo (bloco de gelo), está geralmente localizado ao longo da costa e também é favorável a um acúmulo considerável de neve durante o inverno (Fortin; Hétu; Germain, 2011). Nesse ambiente, os gatilhos mais prováveis são uma quantidade significativa de precipitação sólida ou líquida, a queda de blocos de gelo das paredes acima da encosta, ou um derretimento de primavera maciço e rápido que desestabiliza a neve. Gauthier, Germain e Hétu (2017) descobriram que a ocorrência de avalanches ao longo da costa é melhor prevista por dois dias de neve acumulada, precipitação diária e velocidade do vento. No vale, em contrapartida, as variáveis de previsão mais significativas são três dias de neve acumulada e precipitação diária, precedidas por dois dias de amplitude térmica.

Vários autores (Fortin; Hétu; Germain, 2011; Hétu; Brown; Germain, 2008) se esforçaram para identificar alguns cenários climáticos comuns que aumentam o risco de avalanches, com base no estudo de avalanches anteriores. As condições que são especialmente favoráveis ao desencadeamento de avalanches no Quebec podem ser listadas da seguinte forma:

* forte nevasca (por exemplo: > 10 mm EEN em 24 horas ou ≥ 20 mm em 72 horas);
* episódios de chuva na neve;
* calor intenso, temperaturas acima de 0 °C que persistem.

Condições climáticas atípicas, como inversões térmicas, também podem desencadear avalanches. Contribuindo para a formação de geadas na superfície, uma inversão cria uma camada instável de neve. Ventos fortes e chuva que subsequentemente congelam também representam condições hidrometeorológicas, as quais provavelmente contribuem para a formação de camadas instáveis, reduzindo a coesão entre as camadas de neve. Posteriormente enterradas por mais nevascas, essas camadas fracas ou instáveis podem aumentar o risco de uma avalanche.

Assim, a vulnerabilidade depende, em particular, da exposição voluntária ou involuntária, conforme discutido acima. As áreas mais sensíveis estão localizadas ao longo das principais rodovias, localizadas no fundo das encostas íngremes ao longo da costa, ou em determinados corredores de avalanche no Parque Nacional de Gaspésie ou na Reserva de Vida Selvagem da Gaspésie, que são usados por esquiadores do interior.

Uma abordagem para definir o nível de risco de avalanche envolve a análise de casos históricos de avalanches combinados com dados climáticos do período correspondente. Com casos suficientes para alcançar uma estatística significante, é possível calcular e determinar limites que correspondem, por exemplo, à quantidade mínima de precipitação observada nas 72 horas anteriores a uma avalanche. Essas observações, logo, tornam-se úteis para a previsão e prevenção de riscos.

Os limites de princípios nas condições hidrometeorológicas (incluindo, por exemplo, temperaturas mínimas e máximas, precipitação líquida e sólida, acúmulo de neve no solo) para um determinado período de tempo representam bons preditores de risco de avalanches. No entanto, o método requer séries climáticas históricas suficientemente longas e completas, além de avalanches documentadas suficientes para correlacionar os dois tipos de dados. Ademais, o contexto local é fundamental, incluindo geomorfologia e vegetação do solo, e deve ser levado em consideração para explicar as condições de desencadeamento de avalanches.

Na climatologia, o uso de índices é comum, pois permite a caracterização de mudanças espaçotemporais de diferentes variáveis e eventos extremos que têm grande impacto nos ecossistemas e na sociedade. Por exemplo, a Equipe de Especialistas em Detecção de Mudanças Climáticas e Índices (ETCCDI) tem um mandato para atender à necessidade da medição e caracterização objetiva da variação e mudança climática, e desenvolveu uma série de índices climáticos que permitem calcular vários extremos com base em variáveis climáticas (Ely; Fortin, 2020; Karl; Nicholls; Ghazi, 1999; Meehl et al., 2000a, 2000b; Peterson, 2005; Smith; Lawson, 2012). No caso de avalanches na Península de Gaspé, vários índices foram utilizados (Tab. 3.2; ver Fortin et al., 2015) para caracterizar o clima de inverno, incluindo as condições favoráveis às avalanches, bem como para calcular as tendências desses índices ao longo do tempo (Tab. 3.3). Um dos principais desafios referentes à produção de tais índices é a disponibilidade de dados, uma vez que em muitos casos existem dados ausentes ou estranhos, e a homogeneidade da série temporal deve ser obrigatoriamente verificada antes do uso dos dados que serão utilizados para calcular os índices (Acquaotta et al., 2019; Alexandersson, 1986; Baronetti et al., 2019).

### 3.1.2 Inundações na bacia do rio Kennebecasis – um risco onipresente

Milly et al. (2002) descobriram que a frequência de grandes inundações aumentou substancialmente ao longo do século XX, uma tendência que o modelo climático sugere que continuará. A situação é particularmente preocupante no Canadá, onde as inundações são o risco natural mais difundido, frequente (Public Safety Canada, 2015) e oneroso (Story, 2016), e que reivindica cerca de 100 vidas anualmente (Keller; Blodgett; Clague, 2008). Na província de New Brunswick (NB), localizada no leste do Canadá (Fig. 3.2), diversas bacias hidrográficas estão sujeitas a inundações, inclusive muitos afluentes do rio Saint John, que é o maior rio da província, sendo fronteira entre NB, o Estado do Maine, nos Estados Unidos, e a província vizinha de Quebec.

**Tab 3.2** EXEMPLO DE ÍNDICES CLIMÁTICOS USADOS EM ALGUNS ESTUDOS DE GASPÉ

| | Índices | Descrição | Unidade |
|---|---|---|---|
| 1 | Rx1day – precipitação máxima diária | Valor máximo de precipitação diária por mês | mm |
| 2 | Rx5day – precipitação máxima em cinco dias consecutivos | Valor máximo de precipitação em cinco dias consecutivos por mês | mm |
| 3 | SDII – índice de intensidade de precipitação simplificado | Total anual de precipitação dividido pelo número de dias com registro de chuva (superior a 1 mm por ano) | mm/dia |
| 4 | R20 – contagem anual de dias com precipitação > 20 mm | Número de dias por ano com precipitação superior a 20 mm | dias |
| 5 | CWD – número máximo de dias consecutivos com registro de chuva | Número máximo de dias consecutivos por mês com registros de precipitação | dias |
| 6 | R95p – dias com precipitação elevada | Total anual de precipitação superior ao percentil 95 | mm |
| 7 | R99p – dias com precipitação muito elevada | Total anual de precipitação superior ao percentil 99 | mm |
| 8 | PRCPTOT – precipitação total anual | Total anual de precipitação | mm |

Fonte: adaptado de Karl, Nicholls e Ghazi (1999).

**Tab 3.3** TENDÊNCIAS DE ÍNDICES PARA SETE ESTAÇÕES METEOROLÓGICAS LOCALIZADAS NA PENÍNSULA DE GASPÉ

| Índices | CdeR | Ca | Mu | CM | Ga | LH | MJ |
|---|---|---|---|---|---|---|---|
| Rx1day | 0,021 | 0,031 | 0,019 | **0,223*** | 0,139 | 0,181 | 0,181 |
| Rx5day | **0,239*** | 0,030 | −0,032 | **0,306*** | 0,131 | 0,084 | 0,061 |
| SDII | 0,186 | **0,247*** | 0,105 | −0,019 | **0,276*** | **0,390*** | 0,043 |
| R20 | **0,253*** | 0,180 | −0,185 | **0,321*** | **0,284*** | **0,272*** | 0,089 |
| R95p | **0,223*** | 0,117 | −0,093 | **0,310*** | **0,314*** | **0,260*** | 0,115 |
| R99p | 0,082 | −0,077 | 0 | 0,121 | 0,140 | 0,082 | 0,139 |
| PRCPTOT | **0,242*** | 0,045 | −0,265 | **0,287*** | 0,217 | **0,250*** | 0,080 |

*Tendências estatisticamente significantes em um intervalo de confiança de 95%.
Fonte: Fortin et al. (2015).

O rio Saint John estende-se por quase 673 km e drena uma área total de 54.986 km². Esse rio principal recebe entradas significativas de água durante o derretimento de neve na primavera, o que faz com que transborde de suas margens e inunde vários municípios, incluindo a capital da província Fredericton e a região metropolitana de Saint John, localizada na foz do rio.

A bacia hidrográfica do rio Kennebecasis (Fig. 3.2) atravessa uma área onde existe uma diversidade de uso da terra por meio de áreas agrícolas, florestais e urbanas (Sussex). A bacia ocupa uma área de aproximadamente 1.346 km², dividida em cinco sub-bacias, das quais as duas principais são Trout Creek (superfície de 219,32 km²) e o rio Millstream (superfície de 274,27 km²) (Kennebecasis Watershed Restoration Committee, 2013), para as quais foram produzidos mapas de zonas de inundação.

As quantidades totais de precipitação registradas para as estações meteorológicas de Sussex (45°43'N, 65°32'W, alt. 21,3 m) e Moncton A (46°06'44"N, 64°40'43"W, alt. 70,7 m) são respectivamente 1.142,2 mm e 1.223,1 mm (para o período de 1962 a 2009), com uma distribuição bastante uniforme ao longo do ano (Environment and Climate Change Canada, 2020). As temperaturas variam de acordo com as estações. Em julho e agosto, as temperaturas mensais máximas atingem aproximadamente 25 °C, enquanto em janeiro, que é o mês mais frio do ano, as temperaturas mensais mínimas são de aproximadamente –15 °C (Environment and Climate Change Canada, 2020).

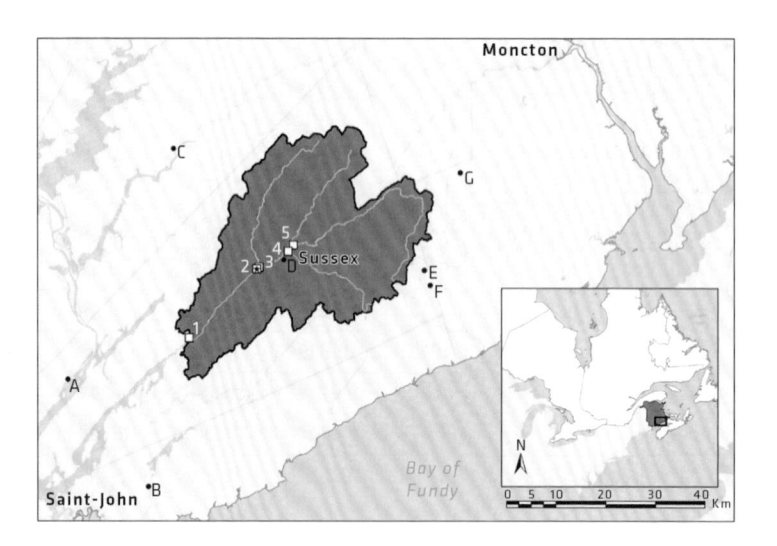

**FIG. 3.2** *Mapa de localização da área de estudo. As letras representam as estações meteorológicas: A = Oak Point; B = Aeroporto St. John; C = Coles Island; D = Sussex; E = Mechanic Settlement; F = Wolf Lakes CS; G = Parkindales. Os quadrados brancos indicam, respectivamente: 1 = saída; 2 = Apohaqui; 3 = junção do Baixo Kennebecasis e Rio Millstream; 4 = junção do Baixo Kennebecasis e Trout Creek; 5 = junção do Alto Kennebecasis e Smith Creek. A estrela representa a única estação de medição, a de Apohaqui*

Fonte: Fortin et al. (2018).

3 Riscos hidrometeorológicos | 71

Nos últimos anos, um grande esforço foi feito para entender e documentar completamente o risco de inundação (risco e vulnerabilidade) na bacia hidrográfica do rio Kennebecasis (Fortin et al., 2018). Abordagens naturalistas, como o mapeamento hidrogeomorfológico, têm sido usadas, além das modelagens (hidrológicas e hidráulicas), a fim de realizar um mapeamento abrangente das zonas de inundação. Um exemplo de uma parte do rio Kennebecasis na área de Sussex ilustra como cada uma das abordagens pode ser usada independentemente (Fig. 3.3A,B) – tal como geralmente ocorre em projetos convencionais – e como a combinação das duas abordagens melhora a precisão da delimitação das planícies de inundação (Fig. 3.3C).

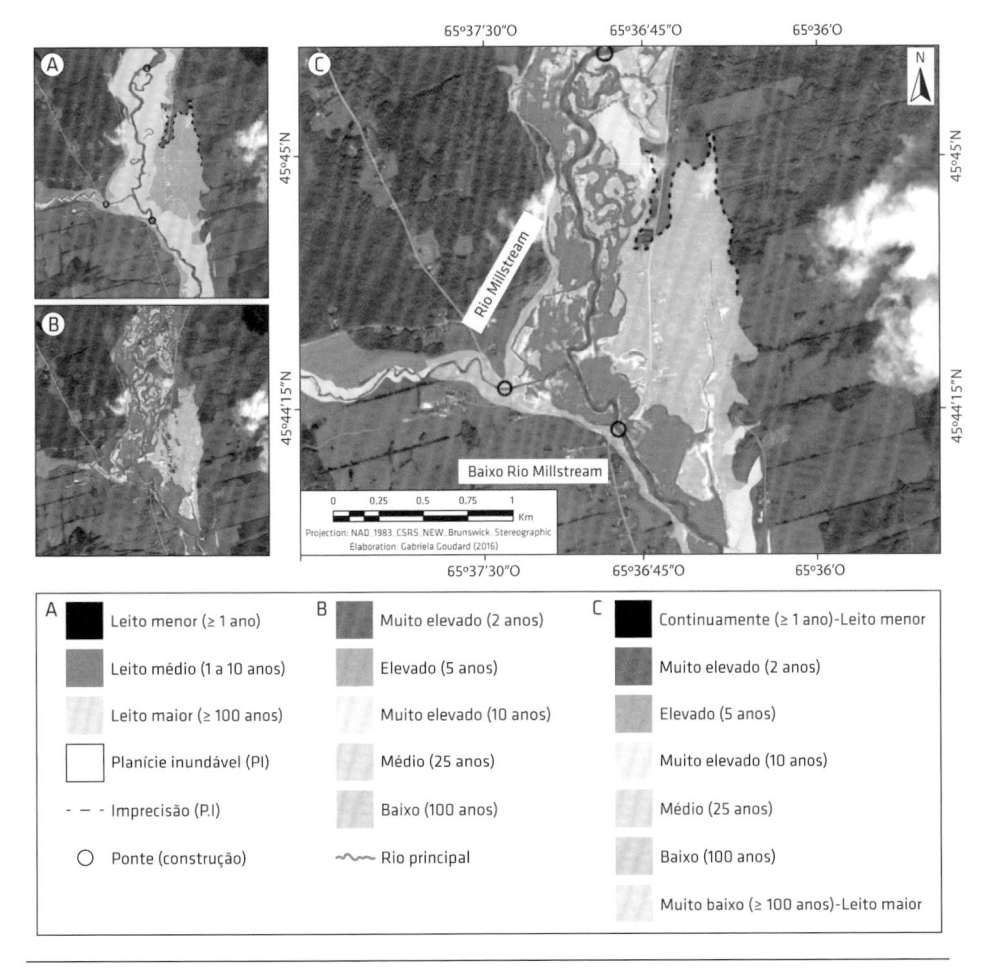

FIG. 3.3 *Mapa das zonas de inundação na área de Sussex produzido a partir da abordagem hidrogeomorfológica (A), do modelo hidráulico HEC-RAS (B), e ao combinar essas duas abordagens (C)*

A abordagem hidrogeomorfológica possibilita delimitar as três unidades funcionais do curso de água (leitos menores, intermediários e principais) que correspondem à frequência das inundações. Além disso, a modelagem hidrológica (HEC-HMS – Feldman, 2002) e hidráulica (HEC-RAS – Brunner, 2002) é usada para medir a frequência de inundações usando tempos de retorno de 2, 5, 10, 20, 30, 50 e 100 anos (Ballais; Garry; Masson, 2005). Observamos que a abordagem de mapeamento hidrogeomorfológico permite uma compreensão mais precisa dos aspectos geomorfológicos da planície de inundação. Essa abordagem é simples e barata para aplicar em grandes territórios. A modelagem, por outro lado, pode explicar tempos de retorno variados para inundações e permite ao pesquisador simular situações mais ou menos extremas. A modelagem é aplicável especialmente em áreas menores, porém mais variadas e complexas, como cidades.

Sem adentrar nas dimensões técnicas das abordagens mencionadas (para mais detalhes, ver Fortin et al., 2018), dois elementos essenciais relacionados ao conceito de risco devem ser considerados: risco e vulnerabilidade.

O risco, no caso de inundações, corresponde às condições hidrometeorológicas do evento, as quais levam a um transbordamento de água além de um limite, o que é então qualificado como inundação. Mas, embora o risco seja decisivo para a compreensão do fenômeno das inundações, os fatores antrópicos, isto é, sociais, econômicos e de infraestrutura, são, sobretudo, os que determinarão a vulnerabilidade das comunidades ao risco de inundações. É necessário entender tanto o risco quanto a vulnerabilidade se pretendemos reduzir os impactos prejudiciais das inundações nas comunidades e nos ecossistemas naturais.

No caso do rio Kennebecasis, com o objetivo de avaliar o risco, usaram-se vários dados meteorológicos, hidrológicos e históricos. Isso possibilitou o uso de vários métodos analíticos, como modelagem hidrológica e hidráulica e análises estatísticas de dados meteorológicos e hidrológicos. Uma das principais contribuições resultantes do uso dessas diferentes abordagens foi a determinação dos limites dos níveis de água em função do tempo de retorno, o que posteriormente levou à criação de mapas das zonas de inundação (NRC, 2017), que são ferramentas de apoio básicas para tomadores de decisão e administradores de terras. De fato, a identificação de áreas de risco possibilita evitar o desenvolvimento de áreas em que o risco é considerado alto ou priorizar áreas que devem ser objeto de investimentos de curto, médio ou longo prazo. Mais concretamente, podemos, por exemplo, identificar áreas para a preservação ou restauração de ecossistemas sensíveis, sugerir a realocação de uma parte da população considerada vulnerável, ou priorizar a manutenção ou o fortalecimento da infraestrutura considerada essencial ou a implementação de medidas adicionais de proteção.

A vulnerabilidade e a exposição ao risco estão relacionadas principalmente às atividades humanas. Além das causas naturais das inundações, existem causas ou atividades antropogênicas que exacerbam o risco de inundações, devido a mudanças no uso da terra. A impermeabilização de superfícies em áreas urbanas e quase urbanas, a modificação de redes de drenagem e a ausência de uma estrutura legislativa que favoreça a conservação de áreas próximas aos rios e zonas úmidas vulneráveis são fatores que contribuem direta ou indiretamente para um risco maior de inundação. A mitigação do risco de inundação requer um gerenciamento integrado dos elementos humanos e naturais desse risco em uma escala regional, a fim de reduzir a vulnerabilidade das comunidades de New Brunswick (Jellet, 2017).

Embora atualmente não exista uma definição universalmente aceita de vulnerabilidade (Fortin et al., 2020), pode-se propor o uso da definição do Intergovernmental Panel on Climate Change (IPCC – Field et al., 2012): "propensão ou predisposição a ser afetado adversamente". Essa definição tem o mérito de ser breve, inclui o conceito de exposição e destaca os impactos negativos nas comunidades ou nos indivíduos que são afetados direta ou indiretamente pelo desastre. O risco é um potencial, enquanto o desastre é a sua materialização. As pessoas geralmente negligenciam considerar perdas intangíveis envolvendo dimensões históricas, psicológicas ou culturais. Pelo contrário, a vulnerabilidade deve ser usada no sentido mais amplo do termo, integrando aspectos sociais, incluindo patrimônio cultural, sentimento de pertencimento e realização e satisfação que um local de trabalho e residência proporciona.

A percepção de risco representa um indicador de vulnerabilidade (Kellens et al., 2011; Lechowska, 2018). No entanto, poucos estudos de vulnerabilidade incluíram a percepção na avaliação de riscos. Isso ocorre, em parte, porque é difícil avaliar quantitativamente a percepção, mas também há o problema de se adquirir esses dados por meio de pesquisas, as quais são complexas e exigem tempo e dinheiro (Lechowska, 2018; Müller; Reiter; Weiland, 2011).

Sabe-se que a percepção de risco por atores institucionais (cientistas e representantes de autoridades públicas) é diferente daquela dos indivíduos que provavelmente serão afetados (Beck, 1986). Portanto, parece apropriado tentar entender como as pessoas afetadas pelo risco de inundação percebem sua situação, a fim de melhorar a coordenação e a comunicação entre as autoridades e a população em risco. Um melhor diálogo entre essas esferas deve nos ajudar a implementar medidas mais adequadas às realidades locais (Baggio; Rouquette, 2006; Bradford et al., 2012; Kellens et al., 2011). Alguns autores indicam que a percepção de risco deve ser centralizada em nossa análise, uma vez que a falta de entendimento das percepções do público levará inevitavelmente a uma falha nas políticas públicas de gerenciamento de inundações (Bradford et al., 2012).

No verão de 2019, integramos noções de percepção e preparação em um estudo de vulnerabilidade ao risco de inundação da população de Sussex (Fortin et al., 2020). Para tanto, pesquisamos a população local usando um questionário para estabelecer um retrato detalhado das condições socioeconômicas, da percepção de risco e do nível de preparação da comunidade. O questionário foi distribuído para cada edifício dentro da planície de inundação na localidade de Sussex e foi dividido em três seções: a primeira abordou informações gerais (idade, sexo, experiência com inundações etc.), a segunda incluiu perguntas sobre percepção (componentes afetivos e cognitivos), e a última referiu-se à preparação para enchentes.

A análise dos resultados permitiu destacar vários elementos, como a necessidade de as autoridades locais desenvolverem uma estratégia de comunicação de riscos direcionada aos grupos mais vulneráveis e menos preparados, incluindo idosos e pessoas que vivem em áreas de alto risco. Também recomendamos fornecer melhores informações sobre a assistência financeira disponível. Outras informações provindas dos questionários puderam ser combinadas com indicadores convencionais de vulnerabilidade para calcular um índice de vulnerabilidade. Seria possível, então, por meio de uma abordagem participativa em cooperação com a população exposta, produzir um mapa de vulnerabilidade. Essa informação, muito detalhada, seria particularmente útil às autoridades locais para ajudar a comunidade de Sussex na prevenção, mitigação, resposta e recuperação do risco de inundações.

O exemplo de risco de inundação na bacia hidrográfica do rio Kennebecasis ressalta a importância de definir claramente o risco e a vulnerabilidade, a fim de monitorar melhor o risco hidrometeorológico e melhorar as previsões e a prevenção.

## 3.2 Conclusão

Os dois exemplos apresentados neste capítulo ilustram como os riscos hidrometeorológicos podem afetar os ecossistemas naturais e as sociedades no contexto do aquecimento global em um ambiente temperado frio. Contribuições à compreensão do referido fenômeno, para a detecção ou atribuição de eventos extremos ou riscos hidrometeorológicos, são benéficas para o gerenciamento de riscos e o planejamento da terra. Ademais, o acesso a dados confiáveis é necessário para reduzir a vulnerabilidade, melhorar a adaptabilidade e mitigar riscos e impactos prejudiciais. O aumento da população em áreas de alto risco (vulnerabilidade) associado à mudança global em andamento e ao aumento na frequência e intensidade de eventos extremos (perigos) tende a exacerbar os riscos hidrometeorológicos, tanto em Gaspé quanto no sul de New Brunswick. Os dois estudos de caso apresentados não são de forma alguma únicos, e é por isso que se faz urgente tomar medidas para a implementação de programas de longo prazo para monitorar as condições hidrometeorológicas de locais afetados. Isso possibilitará uma melhor documentação da frequência, intensidade e duração dos riscos e, assim, permitirá que especialistas e comunidades encontrem estratégias de redução e adaptação adequadas em escalas locais.

Em quase todo o mundo, estão sendo realizados esforços para encontrar soluções que reduzam os riscos naturais. Entre elas estão as soluções baseadas na natureza, que reduzem riscos e custos econômicos e ambientais. Tais medidas podem ser aplicadas ao gerenciamento de riscos hidrometeorológicos, como a substituição de barragens por pântanos e zonas úmidas para mitigação de riscos de inundações e secas e a inclusão de infraestrutura verde para o resfriamento urbano de cidades onde ilhas de calor urbano aumentam a temperatura local durante ondas de calor (Sahani et al., 2019). Debele et al. (2019) identificam algumas das principais lacunas no conhecimento atual e discutem algumas barreiras à implementação de soluções a partir da natureza para o gerenciamento de riscos hidrometeorológicos na Europa (suas conclusões também parecem válidas para o Canadá). Os autores identificam a necessidade de mais monitoramento local e pedem mais atenção às barreiras sociais e políticas. Além disso, recomendam uma abordagem interdisciplinar, a qual segue na mesma linha das nossas indicações sobre a importância de integrar a dimensão humana, incluindo a vulnerabilidade, a preparação e a percepção no gerenciamento do risco de inundação.

A Iniciativa Municipal de Ativos Naturais (MNAI, 2017), que foi implementada em várias regiões do Canadá, fornece um exemplo dos benefícios de soluções a partir da natureza. Esse projeto defende abordagens baseadas na conservação e no aprimoramento dos serviços ecossistêmicos, os quais oferecem muitos benefícios em longo prazo para as comunidades, além de reduzir os custos de construção e manutenção da infraestrutura. Esse tipo de projeto propõe uma mudança de paradigma, levando a um desenvolvimento mais ambiental e sustentável, a fim de reduzir a vulnerabilidade das populações e melhorar sua qualidade de vida, além de preservar a integridade ecológica de ambientes sensíveis.

Como parte do segundo grupo de projetos, a cidade de Riverview (localizada no sudeste de NB) estudou vários cenários com o objetivo de mitigar os riscos de inundações e comparou os benefícios e custos associados às soluções convencionais e baseadas na natureza (MNAI, 2020). Uma das principais conclusões foi que os benefícios econômicos e ecossistêmicos em longo prazo são maiores ao se usarem soluções a partir da natureza. De fato, observamos que, embora as rígidas infraestruturas de proteção (diques, represas etc.) sejam a norma desde os anos 1950, essa escolha se mostrou ineficaz e onerosa a longo prazo (Jousseaume; Landrein; Mercier, 2004; Jellet, 2017). Essa falta de eficácia e a crescente conscientização ambiental explicam o porquê de esforços significativos estarem sendo feitos hoje para melhorar a conservação de ecossistemas que podem ser usados para mitigar inundações.

## Agradecimentos

Os autores gostariam de agradecer ao Pr. Jeremy Hayhoe por sua assistência na leitura de provas.

## Referências bibliográficas

ACQUAOTTA, F.; FRATIANNI, S.; AGUILAR, E.; FORTIN, G. Influence of Instrumentation on Long Temperature Time Series. *Climatic Change*, v. 156, n. 3, p. 385-404, 2019. https://doi.org/10.1007/s10584-019-02545-z.

ALEXANDERSSON, H. A Homogeneity Test Applied to Precipitation Data. *Journal of Climatology*, v. 6, n. 6, p. 661-675, 1986.

BAGGIO, S.; ROUQUETTE, M.-L. La représentation sociale de l'inondation: influence croisée de la proximité au risque et de l'importance de l'enjeu. *Bulletin de psychologie*, v. 481, n. 1, p. 103-117, 2006.

BALLAIS, J. L.; GARRY, G.; MASSON, M. Contribution de l'hydrogéomorphologie à l'évaluation du risque d'inondation: le cas du Midi méditerranéen français. *Comptes Rendus Geoscience*, v. 337, n. 13, p. 1120-1130, 2005.

BARONETTI, A.; FRATIANNI, S.; ACQUAOTTA, F.; FORTIN, G. A Quality Control Approach to Better Characterise the Spatial Distribution of Snow Depth over New Brunswick, Canada. *International Journal of Climatology*, v. 39, n. 14, p. 5470-5485, 2019.

BECK, U. *La société du risque*: Sur la voie de la modernité. Paris: Aubier, 1986.

BÉLAND, G. L'homme mort dans une avalanche était «un passionné de plein air». *La Presse*, 20 février 2020. Disponível em: <https://www.lapresse.ca/actualites/justice-et-faits-divers/202002/20/01-5261773-lhomme-mort-dans-une-avalanche--etait-un-passionne-de-plein-air.php>. Acesso em: 19 mar. 2020.

BRADFORD, R.; O'SULLIVAN, J. J.; VAN DER CRAATS, I.; KRYWKOW, J.; ROTKO, P.; AALTOTEN, J.; BONAIUTO, M.; DE DOMINICIS, S.; WAYLEN, K.; SCHELFAUT, K. Risk Perception Issues for Flood Management in Europe. *Natural Hazards Earth System*, v. 12, p. 2299-2309, 2012.

BROWN, R. D.; ROBINSON, D. A. Northern Hemisphere Spring Snow Cover Variability and Change Over 1922-2010 Including an Assessment of Uncertainty. *The Cryosphere*, v. 5, n. 1, p. 219, 2011.

BRUNNER, G. W. HEC-RAS *River Analysis System*: Hydraulic Reference Manual. Hydrological Engineering Center, US Army Corps of Engineers, Davis, CA, 2002.

COMETTI, G. *Réchauffement climatique et migrations forcées*: le cas de Tuvalu. Genève: Graduate Institute Publications, 2010. DOI: 10.4000/books.iheid.190.

CONRAD, C. T. *Severe and Hazardous Weather in Canada*. Oxford: Oxford University Press, 2009. 205 p.

CRED – CENTER FOR RESEARCH ON THE EPIDEMIOLOGY OF DISASTERS. *Annual Disaster Statistical Review*: The Numbers and Trends 2007. Brussels: CRED, 4, 2008.

DEBELE, S. E.; KUMAR, P.; SAHANI, J.; MARTI-CARDONA, B.; MICKOVSKI, S. B.; LEO, L. S.; PORCU, F.; BERTINI, F.; MONTESI, D.; VOJNOVIC, Z.; DI SABATINO, S. Nature-based Solutions for Hydro-meteorological Hazards: Revised Concepts, Classification Schemes and Databases. *Environmental Research*, 108799, 2019.

EASTERLING, D. R.; EVANS, J. L.; GROISMAN, P. Y.; KARL, T. R.; KUNKEL, K. E.; AMBENJE, P. Observed Variability and Trends in Extreme Climate Events: A Brief Review. *Bulletin of the American Meteorological Society*, v. 81, n. 3, p. 417-425, 2000.

ELY, D. F.; FORTIN, G. Trend Analysis of Extreme Thermal Indices in South Brazil (1971 to 2014). *Theoretical and Applied Climatology*, v. 139, n. 3, p. 1045-1056, 2020.

ENVIRONMENT AND CLIMATE CHANGE CANADA. *Historical data*. 2020. Disponível em: <https://climate.weather.gc.ca/historical_data/search_historic_data_e.html>. Acesso em: 31 mar. 2020.

FELDMAN, A. D. *Hydrologic Modeling System* HEC-HMS: Technical Reference Manual. Davis, California: Hydrologic Engineer Center, 2002.

FIELD, C. B.; BARROS, V.; STOCKER, T. F.; QIN, D.; DOKKEN, D. J.; EBI, K. L.; MASTRANDREA, M. D.; MACH, K. J.; PLATTNER, G.-K.; ALLEN, S. K.; TIGNOR, M.; MIDGLEY, P. M. (Ed.). Managing the Risks of Extreme Events and Disasters to Advance Climate Change Adaptation. A Special Report of Working Groups I and II of the Intergovernmental Panel on Climate Change. In: INTERGOVERNMENTAL PANEL ON CLIMATE CHANGE, Cambridge University Press, Cambridge, UK and New York, NY, USA, 2012, 582 p.

FORTIN, G.; HÉTU, B. Estimating Winter Trends in Climatic Variables in the Chic-Chocs Mountains (1970-2009). *International Journal of Climatology*, v. 34, n. 10, p. 3078-3088, 2014.

FORTIN, G.; HÉTU, B.; GERMAIN, D. Climat hivernal et régimes avalancheux dans les corridors routiers de la Gaspésie septentrionale (Québec, Canada). *Climatologie*, v. 8, p. 9-25, 2011.

FORTIN, G.; DUHAMEL, F.; POIRIER, C.; GERMAIN, D. *Risques d'inondation et vulnérabilité*: l'exemple du bassin versant de la rivière Kennebecasis, Nouveau-Brunswick, Canada. Revue IdeAs, 15, 2020. DOI: 10.4000/ideas.7999.

FORTIN, G.; HÉTU, B.; GAUTHIER, F.; GERMAIN, D. Extrêmes météorologiques et leurs impacts géomorphologiques: le cas de la Gaspésie. Actes du colloque de l'Association Internationale de Climatologie, Liège, Belgique, 1-4 juillet 2015, 469-474, 2015.

FORTIN, G.; THÉRIAULT, F.; LONG, M.-A.; GOUDARD, G. *Comparaison de méthodes pour cartographier les zones à risque d'inondation*: bassin versant de la rivière Kennebecasis – 3e année. Rapport soumis au Fonds en Fiducie pour l'environnement du Nouveau-Brunswick, Université de Moncton, Moncton, 2018, 46 p.

GAGNON, R. M. *Climat des Chic-Chocs*. Rapport MP 36, Gouvernement du Québec, Ministère des Richesses naturelles, 1970. 103 p.

GARRICK, D.; DE STEFANO, L.; FUNG, F.; PITTOCK, J.; SCHLAGER, E.; NEW, M.; CONNELL, D. Managing Hydroclimatic Risks in Federal Rivers: A Diagnostic Assessment. *Philosophical Transactions of the Royal Society A: Mathematical, Physical and Engineering Sciences*, 371(2002), 20120415, 2013.

GAUTHIER, F.; GERMAIN, D.; HÉTU, B. Logistic Models as a Forecasting Tool for Snow Avalanches in a Cold Maritime Climate: Northern Gaspésie, Québec, Canada. *Natural Hazards*, v. 89, n. 1, p. 201-232, 2017.

GERMAIN, D. Snow Avalanche Hazard Assessment and Risk Management in Northern Quebec, Eastern Canada. *Natural Hazards*, v. 80, n. 2, p. 1303-1321, 2016.

GERMAIN, D.; FILION, L.; HÉTU, B. Snow Avalanche Activity After Fire and Logging Disturbances, Northern Gaspé Peninsula, Quebec, Canada. *Canadian Journal of Earth Sciences*, v. 42, n. 12, p. 2103-2116, 2005.

GERMAIN, D.; FILION, L.; HÉTU, B. Snow Avalanche Regime and Climatic Conditions in the Chic-Choc Range, Eastern Canada. *Climatic Change*, v. 92, n. 1-2, p. 141-167, 2009.

HÉTU, B. Les conditions météorologiques propices au déclenchement des avalanches de neige dans les corridors routiers du nord de la Gaspésie, Québec, Canada. *Géographie physique et Quaternaire*, v. 61, n. 2-3, p. 165-180, 2007.

HÉTU, B.; BROWN, K.; GERMAIN, D. L'inventaire des avalanches mortelles au Québec depuis 1825 et ses enseignements. In: 4e CONFÉRENCE CANADIENNE SUR LES GÉORISQUES, Université Laval, Québec, 20-24 mai 2008.

HÉTU, B.; FORTIN, G.; BROWN, K. Climat hivernal, aménagement du territoire et dynamique des avalanches au Québec méridional: une analyse à partir des accidents connus depuis 1825. *Canadian Journal of Earth Science/Revue canadienne des sciences de la Terre*, v. 52, n. 5, p. 307-321, 2015.

HÉTU, B.; FORTIN, G.; BOUCHER, D.; GAGNON, J.-P.; DUBÉ, J.; BUFFIN-BÉLANGER, T. Les conditions nivologiques et hydro-météorologiques propices au déclenchement des coulées de slush: l'exemple du Québec (Canada). *Climatologie*, v. 13, p. 71-95, 2016.

JAMIESON, B.; STETHEM, C. Snow Avalanche Hazards and Management in Canada: Challenges and Progress. *Natural Hazards*, v. 26, p. 35-53, 2002.

JELLET, M. *Planning the blue zone*: A Road Map for Implementing a Regional Climate Change Adaptation Strategy for Freshwater Flood Management in Southeast New Brunswick. Report Prepared for the Southeast Regional Service Commission of New Brunswick, 2017.

JOMELLI, V.; DELVAL, C.; GRANCHER, D.; ESCANDE, S.; BRUNSTEIN, D.; HÉTU, B.; FILION, L.; PECH, P. Probabilistic Analysis of Recent Snow Avalanche Activity and Weather in the French Alps. *Cold Regions Science and Technology*, v. 47, n. 1-2, p. 180-192, 2007.

JOUSSEAUME, V.; LANDREIN, J.; MERCIER, D. La vulnérabilité des hommes et des habitations face au risque d'inondation dans le Val nantais (1841-2003). Entre législation nationale et pratiques locales. *Norois. Environnement, aménagement, société*, v. 192, n. 3, p. 2945, 2004.

KARL, T. R.; NICHOLLS, N.; GHAZI, A. CLIVAR/GCOS/WMO Workshop on Indices and Indicators for Climate Extremes: Workshop Summary. *Climatic Change*, v. 42, 3-7, 1999.

KELLENS, W.; ZAALBERG, R.; NEUTENS, T.; VANNEUVILLE, W.; DE MAEYER, P. An Analysis of the Public Perception of Flood Risk on the Belgian Coast. *Risk Analysis: An International Journal*, v. 31, n. 7, p. 1055-1068, 2011.

KELLER, E. A.; BLODGETT, R. H.; CLAGUE, J. J. *Natural Hazards*: Earth's Processes as Hazards, Disasters, and Catastrophes. Canadian Edition, Pearson Education Canada, Toronto, 2008. 421 p.

KENNEBECASIS WATERSHED RESTORATION COMMITTEE. *Sub-Watersheds*. 2013. Disponível em: <http://www.kennebecasisriver.ca/subwatersheds.html>. Acesso em: 31 mar. 2020.

LANDRY, B.; BEAULIEU, J.; GAUTHIER, M.; LUCOTTE, M.; MOIEGT, M.; OCCHIETTI, S.; PINTI, D.; QUIRION, M. *Notions de géologie*. 4. ed. Montréal: Modulo, 2013.

LECHOWSKA, E. What Determines Flood Risk Perception? A Review of Factors of Flood Risk Perception and Relations Between its Basic Elements. *Natural Hazards*, v. 94, n. 3, p. 1341-1366, 2018.

LINDENSCHMIDT, K. E.; HUOKUNA, M.; BURRELL, B. C.; BELTAOS, S. Lessons Learned from Past Ice-jam Floods Concerning the Challenges of Flood Mapping. *International Journal of River Basin Management*, v. 16, n. 4, p. 457-468, 2018.

MALLET, J.; FORTIN, G.; GERMAIN, D. Extreme Weather Events in Northeastern New Brunswick (Canada) for the Period 1950-2012: Comparison of Newspaper Archive and Weather Station Data. *The Canadian Geographer/Le Géographe canadien*, v. 62, n. 2, p. 130-143, 2018.

MEEHL, G. A.; ZWIERS, F.; EVANS, J.; KNUTSON, T.; MEARNS, L.; WHETTON, P. Trends in Extreme Weather and Climate Events: Issues Related to Modeling Extremes in Projections of Future Climate Change. *Bulletin of the American Meteorological Society*, v. 81, n. 3, p. 427-436, 2000a.

MEEHL, G. A.; KARL, T.; EASTERLING, D. R.; CHANGNON, S.; PIELKE JR., R.; CHANGNON, D., ... & ZWIERS, F. An Introduction to Trends in Extreme Weather and Climate Events: Observations, Socioeconomic Impacts, Terrestrial Ecological Impacts, and Model Projections. *Bulletin of the American Meteorological Society*, v. 81, n. 3, p. 413-416, 2000b.

MILLY, P. C. D.; WETHERALD, R.; DUNNE, K. A.; DELWORTH, T. L. Increasing Risk of Great Floods in a Changing Climate. *Nature*, v. 415, n. 6871, p. 514-517, 2002.

MNAI – MUNICIPAL NATURAL ASSETS INITIATIVE. *Cohort 2 National Project*: Town of Riverview, New Brunswick. Technical report, 2020. 37 p. ISBN: 978-988424-42-2.

MNAI – MUNICIPAL NATURAL ASSETS INITIATIVE. *Defining and Scoping Municipal Natural Assets*. 2017. Disponível em: <https://mnai.ca/key-documents/>. Acesso em: 1 abr. 2020.

MÜLLER, A.; REITER, J.; WEILAND, U. Assessment of Urban Vulnerability Towards Floods Using an Indicator-based Approach – A Case Study for Santiago de Chile. *Natural Hazards & Earth System Sciences*, v. 11, n. 8, 2011.

NRC – NATURAL RESOURCES CANADA. *Federal Floodplain Mapping Framework*; Public Safety Canada. Earth Sciences Sector, General Information Product 112e, 2017 (ed. version 1.0). 20 p.

PETERSON, T. C. Climate Change Indices. *WMO Bulletin*, v. 54, n. 2, p. 83-86, 2005.

PUBLIC SAFETY CANADA. *Canadian Disaster Database*. 2013. Disponível em: <https://cdd.publicsafety.gc.ca/srchpg-eng.aspx?dynamic=false>. Acesso em: 19 mar. 2020.

PUBLIC SAFETY CANADA. *Floods*. 2015. Disponível em: <https://www.publicsafety.gc.ca/cnt/mrgnc-mngmnt/ntrl-hzrds/fld-en.aspx>. Acesso em: 27 mar. 2020.

QUEMADA, G. *Dictionnaire de termes nouveaux des sciences et des techniques*. 1983.

REARDON, B. A.; FAGRE, D. B.; STEINER, R. W. Natural Avalanches and Transportation: A Case Study from Glacier National Park, Montana, USA. In: 2004 INTERNATIONAL SNOW SCIENCE WORKSHOP, September (19-24), 2004. Proceedings..., 2004.

SAHANI, J.; KUMAR, P.; DEBELE, S.; SPYROU, C.; LOUPIS, M.; ARAGÃO, L.; PORCU, F.; SHAH, M. A. R.; DI SABATINO, S. Hydro-meteorological Risk Assessment Methods and Management by Nature-based Solutions. *Science of the Total Environment*, 133936, 2019.

SCHUSTER-WALLACE, C. J.; SANDFORD, R.; MERRILL, S. *Water Futures for the World We Want*. University of Saskatchewan, Saskatoon, Canada, 2019.

SLAYMAKER, O.; KELLY, R. E. J. *The Cryosphere and Global Environmental Change*. Malden, MA: Blackwell Publishing, 2007.

SMITH, C. L.; LAWSON, N. Identifying Extreme Event Climate Thresholds for Greater Manchester, UK: Examining the Past to Prepare for the Future. *Meteorological Applications*, v. 19, n. 1, p. 26-35, 2012.

STORY, R. *Estimation du coût annuel moyen des Accords d'aide financière en cas de catastrophe causée par un événement météorologique*. Rapport préparé pour le Bureau du directeur parlementaire du Budget, Ottawa, 2016. 49 p.

UNITED NATIONS GENERAL ASSEMBLY. *Report of the Open-ended Intergovernmental Expert Working Group on Indicators and Terminology Relating to Disaster Risk Reduction*. United Nations General Assembly: New York, NY, USA, 41, 2016.

WARD, R. G. W. Avalanche Prediction in Scotland: II. Development of a Predictive Model. *Applied Geography*, v. 4, n. 2, p. 109-133, 1984.

ZWIERS, F. W.; ZHANG, X. B.; FENG, Y. Anthropogenic Influence on Long Return Period Daily Temperature Extremes at Regional Scales. *Journal of Climate*, v. 24, p. 881-89, 2011.

# quatro

## Deslizamentos superficiais e escoadas de detritos: caracterização dos processos e avaliação da suscetibilidade à ruptura e à propagação

Raquel Melo
José Luís Zêzere

Os movimentos de massa em vertentes são movimentos de descida, numa vertente, de uma massa de rocha ou solo, onde o centro de gravidade do material afetado progride para jusante e para o exterior (Terzaghi, 1952; Cruden; Varnes, 1996). De acordo com a classificação da Unesco Working Party on World Landslide Inventory (WP/WLI, 1993; Cruden; Varnes, 1996), existem cinco tipos de movimentos de massa em vertentes, distintos quanto aos mecanismos envolvidos: desabamento ou queda (*fall*), balançamento ou tombamento (*topple*), deslizamento ou escorregamento (*slide*), expansão lateral (*lateral spread*) e escoada ou fluxo (*flow*).

Os movimentos de massa em vertentes ocorrem em todas as regiões do mundo e são responsáveis anualmente por elevadas perdas humanas e econômicas. O esforço técnico-científico para minorar as consequências nefastas das instabilidades nas vertentes traduz-se frequentemente na análise do risco geomorfológico, que implica encontrar respostas para as sete questões explicitadas na Fig. 4.1.

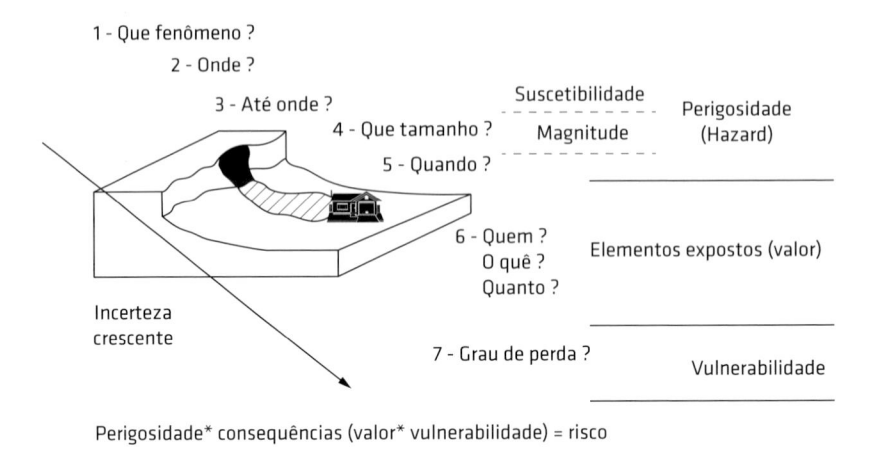

```
1 - Que fenômeno ?
2 - Onde ?
3 - Até onde ?                    Suscetibilidade      Perigosidade
        4 - Que tamanho ?         Magnitude            (Hazard)
              5 - Quando ?

                    6 - Quem ?
                    O quê ?       Elementos expostos (valor)
                    Quanto ?
Incerteza
crescente
                    7 - Grau de perda ?
                                                       Vulnerabilidade

Perigosidade* consequências (valor* vulnerabilidade) = risco
```

**FIG. 4.1** *Esquema conceitual da análise do risco geomorfológico*
Fonte: adaptado de Leroi (1996).

As questões 1 a 5 (Fig. 4.1) são resolvidas pela avaliação da perigosidade, entendida como a probabilidade de ocorrência de um movimento de massa em vertente com determinada magnitude, num dado período e numa dada área (Varnes, 1984). A perigosidade incluiu a suscetibilidade, que é definida como a propensão de uma vertente para sofrer movimentos de massa, em função da presença de um conjunto de fatores de predisposição, independentemente da frequência temporal.

Os elementos expostos ou em risco correspondem a população, propriedades, estruturas, infraestruturas, atividades econômicas etc. expostas (isto é, potencialmente afetáveis) a um processo perigoso num determinado território (UNDRO, 1979; UNDP, 2004). Esses elementos têm um valor (por exemplo, monetário, estratégico) e uma determinada vulnerabilidade, entendida como o grau de perda resultante da ocorrência de um movimento de massa em vertente de determinada magnitude, expressa numa escala de 0 (sem perda) a 1 (perda total) (Varnes, 1984).

O produto do valor pela vulnerabilidade dá uma indicação do dano potencial, ou consequência, que se materializa quando o elemento em risco é atingido pelo movimento de massa em vertente considerado na análise. O risco corresponde ao produto da perigosidade (probabilidade, entre 0 e 1) pelas consequências.

A análise de risco é um processo prospectivo e preditivo que envolve níveis de incerteza epistêmica e aleatória elevados e crescentes, desde a identificação das ameaças à análise das consequências.

Este trabalho não tem a ambição de discutir todas as etapas da análise de risco. No essencial, é abordada a primeira etapa do processo, buscando respostas para as questões 2 (onde?) e 3 (até onde?), para dois tipos de movimentos de vertente (questão 1): deslizamentos superficiais e escoadas de detritos.

Os deslizamentos superficiais e as escoadas de detritos são bastante comuns, nomeadamente no Brasil, e têm um enorme potencial destrutivo. Em janeiro de 2011, um evento de precipitação intensa desencadeou milhares de movimentos de vertente na região montanhosa do Estado do Rio de Janeiro. No estudo desenvolvido por Avelar et al. (2013) constatou-se que, dos 3.562 movimentos de vertente inventariados, a maioria correspondia a deslizamentos superficiais e a escoadas de detritos. Os primeiros desenvolveram-se em saprólitos com espessura compreendida entre 1 e 3 metros, em vertentes com declive superior a 30°. As escoadas de detritos foram desencadeadas em pequenas bacias hidrográficas, com vertentes muito íngremes, e propagaram-se ao longo dos fundos de vale. Esse evento, considerado um dos maiores desastres do Brasil, causou a morte de mais de 1.500 pessoas e provocou prejuízos econômicos extremamente elevados.

## 4.1 Deslizamentos superficiais e escoadas de detritos: caracterização dos processos

### 4.1.1 Deslizamentos superficiais

Os deslizamentos superficiais ocorrem ao longo de rupturas planares, pouco profundas e paralelas à superfície topográfica (Fig. 4.2). O material deslocado, que raramente permanece dentro ou próximo da área de ruptura, geralmente consiste num coluvião, rególito ou depósitos piroclásticos, e se movimenta sobre um substrato resistente ou sobre um horizonte com baixa condutividade hidráulica (Hungr; Leroueil; Picarelli, 2014). Esse tipo de movimento de vertente é um dos mais comuns em todas as zonas climáticas do planeta e caracteriza-se por apresentar uma espessura reduzida, geralmente inferior a 2 m (Van Asch; Buma; Van Beek, 1999). A velocidade que os deslizamentos superficiais adquirem, bem como a sua distância de propagação, aumenta com o declive e diminui com o incremento do conteúdo em argila, tendo sido registradas velocidades até 16 m/s (Corominas, 1996).

Nas vertentes naturais, os solos encontram-se sujeitos a uma tensão tangencial (ou tensão de cisalhamento) induzida, sobretudo, pela força gravítica. Enquanto as forças se mantiverem em equilíbrio, isto é, a resistência ao corte (ou resistência ao cisalhamento) contrabalançar a tensão tangencial, a vertente permanece estável. Contudo, quando a tensão tangencial supera a resistência

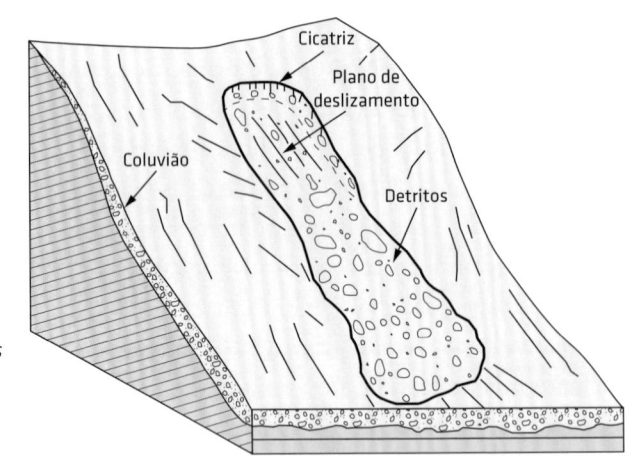

**Fig. 4.2** *Deslizamento superficial e principais elementos morfológicos*

Fonte: adaptado de Cruden e Varnes (1996).

ao corte máxima que o terreno pode desenvolver (proveniente da coesão e do atrito entre as partículas), o material entra em movimento até que o equilíbrio das forças seja novamente alcançado. Assim, a estabilidade de uma vertente pode ser definida em termos de fator de segurança (FS), o qual resulta da razão entre a força de resistência e a força tangencial (Eq. 4.1), que atuam paralelamente à superfície de ruptura potencial (Fig. 4.3):

$$FS = \frac{\text{Força de resistência}}{\text{Força tangencial}} \qquad (4.1)$$

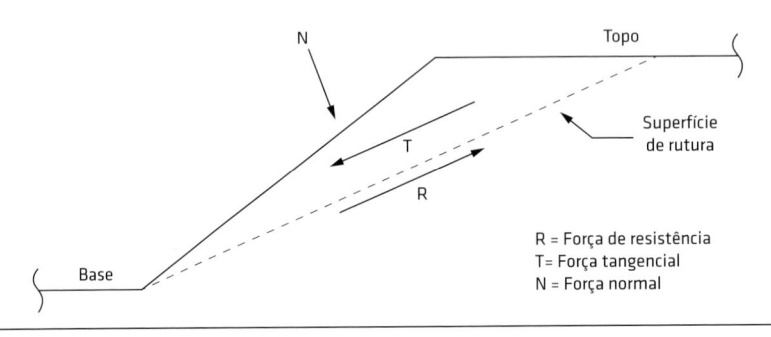

**Fig. 4.3** *Direção das forças de resistência, tangencial e normal num deslizamento superficial*
Fonte: adaptado de Pariseau (2011).

Consequentemente, se a força de resistência for superior à força tangencial, isto é, se FS > 1, a vertente permanece estável. Pelo contrário, se a força de resistência for igual ou inferior à força tangencial, então com FS ≤ 1, logo a vertente é instável.

A resistência ao corte é geralmente representada com base na teoria de Mohr-Coulomb, expressa pela Eq. 4.2.

$$S = c + \sigma \tan \varphi \qquad (4.2)$$

em que S é a resistência ao corte ao longo do plano de ruptura, $\sigma$ é a tensão normal total, c é a coesão e $\varphi$ é o ângulo de atrito interno.

De acordo com Terzaghi (1952), a influência da água na estabilidade das vertentes pode ser descrita através do princípio da tensão efetiva, pelo qual, na presença de solos saturados, a Eq. 4.2 é modificada da seguinte forma:

$$S = c' + \sigma' \tan \varphi' \qquad (4.3)$$

em que $\sigma'$ (= $\sigma - u$) é a tensão normal efetiva quando a pressão da água nos poros é $u$. Os parâmetros c e $\varphi$ (Eq. 4.2) geralmente apresentam valores diferentes de c' e $\varphi'$ (Eq. 4.3). Os primeiros correspondem a parâmetros de resistência da tensão total, e os segundos, a parâmetros de resistência da tensão efetiva.

Em solos não saturados ou parcialmente saturados, a infiltração da água poderá conduzir a uma diminuição da resistência ao corte através da eliminação da sucção matricial (Sidle; Bogaard, 2016), que corresponde à diferença entre a pressão negativa da água nos poros e a pressão do ar nos poros. Assim, a equação que representa a resistência ao corte num solo não saturado ou parcialmente saturado (Eq. 4.4) requer a inclusão do produto entre dois parâmetros adicionais: o primeiro refere-se à sucção, enquanto o segundo expressa a tangente do ângulo de atrito (que difere de $\varphi'$ ).

$$S = c' + (\sigma - u_w) \tan \varphi' + (u_w - u_a) \tan \varphi^b \qquad (4.4)$$

em que $(u_w - u_a) = u_s$ é a sucção matricial atribuída aos fenômenos de adsorção ($u_w$) e capilaridade ($u_a$) na estrutura do solo, e $\tan \varphi^b$ é o ângulo de atrito que reflete a influência da sucção matricial na resistência ao corte.

Quando o solo está saturado, $u_a = 0$ e $u = u_w$. Nesses solos, a pressão intersticial resulta da pressão hidrostática nos poros, relacionada com o nível freático, e do excesso de pressão nos poros devido à carga aplicada. Quando se verifica o carregamento em condições não drenadas ou parcialmente drenadas, a tendência para a variação de volume resulta do excesso de pressão nos poros, o qual pode ser positivo ou negativo dependendo do tipo de solo e das tensões envolvidas.

Para além da diminuição da resistência ao corte, devido ao encharcamento progressivo do solo, qualquer sobrecarga externa, tal como o aumento do peso do solo durante um evento de precipitação, promove a instabilidade em vertentes naturais (Sidle; Bogaard, 2016).

Em determinadas circunstâncias, quando a instabilidade do material não consolidado envolve a perda de coesão e também a liquefação total ou parcial, os deslizamentos superficiais podem transformar-se em escoadas de detritos (Hungr; Leroueil; Picarelli, 2014).

### 4.1.2 Escoadas de detritos

A escoada (ou fluxo, ou corrida) de detritos consiste num fenômeno perigoso, cuja ocorrência é bastante comum em regiões que combinam um relevo acidentado com episódios de precipitação intensa ou de rápida fusão de neve (Corominas et al., 1996). O seu poder destrutivo pode refletir-se, de forma direta, na perda de vidas humanas e na destruição do mais variado tipo de infraestruturas e estruturas. Para uma completa definição do fenômeno, vários autores baseiam-se no tipo de material envolvido, no conteúdo em água e na velocidade, como visto em Cruden e Varnes (1996), Corominas et al. (1996), Hungr, Leroueil e Picarelli (2014) e Iverson (2014). Contudo, independentemente da definição utilizada, está sempre subjacente uma interação entre forças sólidas e fluidas, o que, segundo Iverson (1997), constitui a principal característica que distingue as escoadas de detritos dos demais movimentos de vertente.

Sistematizando as definições propostas pelos autores supracitados, considera-se que as escoadas de detritos correspondem a uma mistura de detritos e água que se move por impulsos sucessivos induzidos pela força gravítica. A componente sólida, cuja concentração geralmente ultrapassa 50% do volume total, compreende uma mistura de sedimentos finos (argila, silte e areia) e grosseiros (cascalho e blocos), com formas irregulares, e com índice de plasticidade inferior a 5% nas frações mais finas. Os sedimentos de tamanho igual ou inferior ao silte tipicamente correspondem a menos de 30% da componente sólida. A deslocação da massa geralmente ocorre em canais de drenagem preexistentes, com declive acentuado, e a uma velocidade que varia entre muito rápida a extremamente rápida, de acordo com a escala de velocidades associada a movimentos de vertentes proposta por Cruden e Varnes (1996). Ao longo do trajeto, a escoada de detritos pode incorporar uma carga adicional de sedimentos e água, resultando num aumento do seu volume.

No trajeto percorrido pelas escoadas de detritos, geralmente são identificadas três zonas distintas, onde se manifestam diferentes processos: zona de iniciação, zona de transporte e zona de deposição (Fig. 4.4).

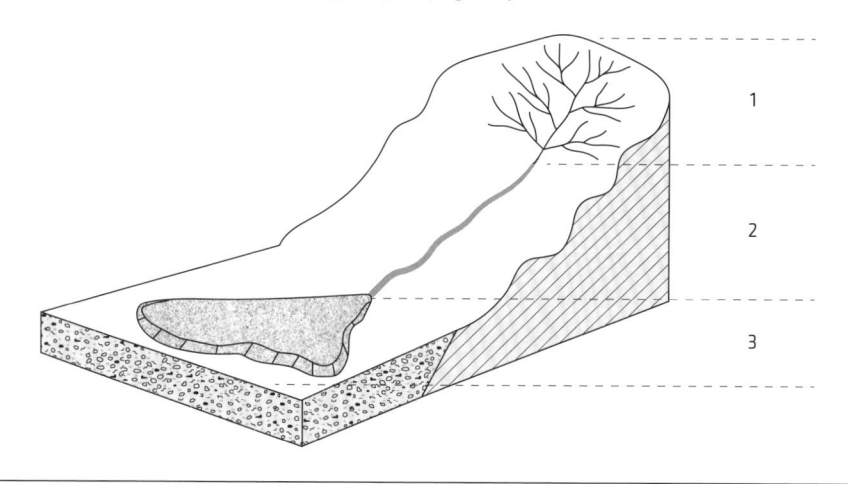

FIG. 4.4 *Identificação da zona de iniciação (1), zona de transporte (2) e zona de deposição (3) numa escoada de detritos*

O processo de *iniciação* das escoadas de detritos pode ser subdividido em dois principais tipos de mecanismo (Hungr, 2005; Takahashi, 2007b; Van Asch et al., 2014): (i) erosão dos canais de drenagem, provocada por um escoamento superficial concentrado, e (ii) ocorrência de deslizamentos, que evoluem para escoadas de detritos. Em ambos os casos, o movimento inicia-se quando, em determinada profundidade, a tensão tangencial é superior à resistência ao cisalhamento (Iverson, 2014).

O primeiro tipo de mecanismo ocorre quando a disponibilidade de água é suficiente para produzir um escoamento superficial capaz de erodir os detritos que preenchem o leito do canal de drenagem, assim como as respectivas margens. O aumento da pressão intersticial na massa de detritos, induzido pela presença de água, muito possivelmente atua como precursor da escoada (Van Asch; Buma; Van Beek, 1999). No terreno, esse mecanismo traduz-se na ausência de superfícies de ruptura e na existência de sulcos, que evidenciam a erosão (Ancey, 2010).

Já o segundo tipo de mecanismo é provavelmente o mais comum (Iverson; Reid; LaHusen, 1997). A origem da escoada de detritos poderá dever-se a um único deslizamento ou à coalescência de vários deslizamentos superficiais de pequenas dimensões (Iverson; Reid; LaHusen, 1997). Os processos inerentes à mobilização de um deslizamento e subsequente desenvolvimento em escoada de detritos têm sido alvo de investigação por parte de muitos autores, nomeadamente no que se refere ao estudo dos mecanismos que poderão gerar um excesso de pressão intersticial e liquefação do material envolvido (Costa, 1984; Iverson; Reid; LaHusen, 1997; Sassa; Wang, 2005). Do ponto de vista da mecânica dos solos, consideram-se três etapas que podem ocorrer quase simultaneamente (Iverson; Reid; LaHusen, 1997): (a) ruptura do solo, de acordo com o critério de Mohr-Coulomb; (b) liquefação total ou parcial da massa deslizada, devido a um aumento da pressão da água nos poros; e (c) mobilização e aceleração da massa fluidificada, através da conversão de energia gravítica em energia cinética.

Após o início do movimento, o material mobilizado percorre a zona de *transporte*. Essa zona consiste num canal de drenagem, com declive geralmente superior a 10°, cujo substrato pode ou não ser erodível, ou encontrar-se preenchido com sedimentos soltos (Hungr, 2005). A propagação do fluxo não é sempre uniforme. Durante um evento, o material poderá deslocar-se através de um único impulso ou poderão ocorrer dezenas de impulsos, com intervalos de tempo de segundos a horas, que transportam um volume variável de detritos (Hungr, 2005). A presença de um canal de drenagem, no qual ocorre a propagação do fluxo, permite que se verifiquem duas condições: por um lado, a água transportada no canal é incorporada pelo fluxo de detritos, o que leva a um aumento do seu conteúdo em água; por outro, o confinamento lateral possibilita a manutenção da espessura do fluxo e facilita a ordenação longitudinal dos detritos.

O perfil longitudinal de uma escoada de detritos com acumulação de blocos na parte frontal (fluxo de duas fases) é tipicamente dividido em três partes principais (Fig. 4.5), de acordo com as diferenças no nível da concentração de sólidos.

Na parte frontal (frente), para além da ausência de matriz, verifica-se uma maior espessura do fluxo e a acumulação de detritos grosseiros, o que lhe confere um aspecto abrupto. O seu conteúdo em água é bastante reduzido, devido à elevada permeabilidade inerente ao tamanho dos interstícios (Iverson, 1997; Hungr, 2005; Takahashi, 2007a). A gênese das acumulações de detritos grosseiros na frente das escoadas – alguns dos quais com vários metros de diâmetro – tem sido frequentemente associada à estrutura de gradação inversa, na qual a granulometria diminui do topo para a base do depósito (Takahashi, 2007a).

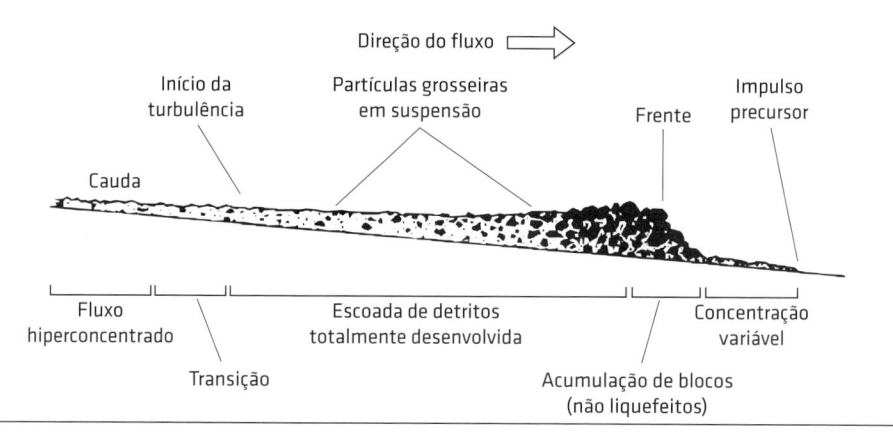

**FIG. 4.5** *Perfil longitudinal de uma escoada de detritos com acumulação de blocos na parte frontal*
Fonte: adaptado de Pierson (1986 apud Hungr, 2005).

A parte intermediária (corpo) da escoada antecede a parte frontal e corresponde a uma massa com menor espessura, constituída por sedimentos mais finos, em que a pressão da água nos poros é suficiente para provocar a liquefação do material (Iverson, 1997; Hungr, 2005). A parte terminal (cauda), que apresenta uma diminuição significativa da concentração de sólidos, corresponde a um fluxo hiperconcentrado com características semelhantes às de um *debris flood*, devido, essencialmente, à sua composição fluida e turbulenta (Hungr, 2005; Ancey, 2010).

A ordenação longitudinal, ao nível da concentração de sólidos, tem um reflexo direto na mobilidade do fluxo. Desse modo, a frente da escoada, caracterizada por uma elevada resistência devido ao domínio de forças sólidas, retarda a mobilidade da parte terminal (cauda), com menor resistência e sob a influência de forças fluidas (Iverson, 1997).

No caso das escoadas de detritos de tipo viscoso (fluxos de uma fase), cujo material envolvido é praticamente idêntico ao da zona de iniciação, a ausência de acumulações de blocos na parte frontal é uma das características que as distinguem das escoadas anteriormente referidas (fluxos de duas fases). Ainda assim, as escoadas de detritos do tipo viscoso têm a capacidade de transportar blocos de grandes dimensões, os quais são posteriormente depositados, de forma dispersa, na área de acumulação (Takahashi, 2007a).

O mecanismo de transporte do fluxo de detritos é geralmente acompanhado pela incorporação de sedimentos. Existem dois tipos de mecanismos que atuam na incorporação de sedimentos no fluxo de detritos. Uma primeira tipologia deve-se à combinação da força gravítica e da força de atrito, associada à passagem de uma massa de detritos saturada, que poderá instabilizar o leito do canal de drenagem – nas situações em que o declive é superior a 10° – e originar a erosão massiva dos sedimentos que o preenchem, assim como a respectiva incorporação no fluxo (Hungr; McDougall; Bovis, 2005). Para a instabilização do leito do canal também contribui, em larga medida, a perda de resistência do material devida a um rápido carregamento não drenado, a uma carga de impacto ou à liquefação. De acordo com Sassa e Wang (2005), uma massa de detritos, ao deslocar-se sobre os depósitos soltos, origina um carregamento não drenado que pode elevar a pressão intersticial dos depósitos, o que facilita a sua incorporação na massa em movimento.

Um segundo mecanismo responsável pela incorporação de sedimentos no fluxo de detritos provém da instabilidade das margens do canal, resultante da erosão do próprio leito. Essa instabilidade poderá desencadear uma resposta imediata, através da ocorrência de deslizamentos superficiais e introdução de material diretamente no fluxo, ou uma resposta tardia, com a libertação de material no canal, que será incorporado no fluxo seguinte. Segundo Hungr, McDougall e Bovis (2005), esses processos são extremamente complexos e difíceis de quantificar, tendo em conta que o nível de estabilidade das margens dos canais (incluindo a coesão promovida pela vegetação) e as relações temporais entre descargas de fluxos, erosão do leito, ruptura das margens e mistura de água e detritos são variáveis difíceis de se obter.

Muitos dos fatores que influenciam o transporte da massa de detritos, tais como o declive e rugosidade (ou atrito) do canal, o confinamento, a presença de obstáculos e as propriedades mecânicas do fluxo, também determinam o local da sua *deposição* (Benda; Cundy, 1990). A acumulação mais significativa das escoadas de detritos verifica-se no final da distância de propagação, em consequência da perda de confinamento e/ou de uma redução do declive. Por esse motivo, os leques aluviais ou a desembocadura de ravinas são localizações preferenciais para a acumulação dos detritos. Com a redução do declive e a perda de confinamento, o fluxo tende a dispersar-se lateralmente, o que leva ao decréscimo da sua espessura até um determinado valor crítico, que impede a continuidade do movimento (Costa, 1984; Ancey, 2010). A cessação do movimento e, por conseguinte, a deposição dos detritos ocorrem quando a resistência ao cisalhamento do depósito é superior à tensão tangencial interna do fluxo (Costa, 1984). Isso se deve à acumulação dos detritos mais grosseiros ao longo do perímetro da escoada, o que origina um aumento do atrito interno devido à ausência de elevadas pressões intersticiais. Desse modo, é possível inferir que as diminuições do declive e da espessura do fluxo, aliadas ao aumento do atrito interno, são as principais responsáveis pela interrupção do movimento e consequente deposição dos detritos.

## 4.2 Causas dos movimentos de vertente: fatores condicionantes (de predisposição e preparatórios) e fatores desencadeantes

As vertentes naturais são sistemas nos quais as forças que tendem a produzir a instabilidade (tensão tangencial) estão continuamente em oposição às forças que tendem a promover a estabilidade (resistência ao corte). Nesse contexto, Bogaard (2001) sistematizou os processos que, de acordo com a escala temporal, poderão levar à instabilidade de uma vertente natural (Quadro 4.1). As causas internas, que reduzem a resistência ao corte, são subdivididas em fatores hidrológicos (aumento da pressão da água nos poros) e fatores de resistência (redução das propriedades de resistência dos materiais). As causas externas, que originam um aumento da tensão tangencial, são chamadas de gravitacionais.

**Quadro 4.1** Processos geradores de instabilidade em vertentes naturais, de acordo com a escala temporal

| Processo | Escala de tempo | Escala temporal curta | Escala temporal longa |
|---|---|---|---|
| Redução da resistência ao corte (causa interna) | Aumento da pressão da água nos poros | Fatores hidrológicos instantâneos (infiltração e percolação) | Fatores hidrológicos a longo prazo (alterações do clima e do uso do solo, fluxo de água subterrânea à escala regional) |
| | Redução da resistência dos materiais | Fatores de resistência instantâneos (congelação-degelo artificial, tratamento químico) | Fatores de resistência a longo prazo (meteorização física e química, aumento da resistência dos materiais devido ao crescimento de raízes de plantas) |
| Aumento da tensão tangencial (causa externa) | | Fatores gravitacionais instantâneos (sismos, cortes em taludes) | Fatores gravitacionais a longo prazo (erosão ou acumulação) |

Fonte: adaptado de Bogaard (2001).

Os fatores hidrológicos instantâneos constituem a causa mais comum da instabilidade geomorfológica (Sidle; Bogaard, 2016). Nos solos superficiais, o balanço da água é essencialmente controlado pela infiltração, pela percolação da água em terrenos não saturados ou, também, por uma rápida subida da toalha freática (Van Asch; Buma; Van Beek, 1999). Desse modo, a presença de água (em forma de chuva ou neve derretida) provoca uma diminuição da resistência ao corte, quer em solos saturados, quer em solos não saturados. Tendo em conta que o aumento da pressão da água nos poros encontra-se diretamente relacionado à profundidade do plano de ruptura, os deslizamentos superficiais não são tão exigentes em termos de quantidade de água necessária para que a instabilidade ocorra, ao contrário do que acontece com os deslizamentos profundos (Bogaard, 2001).

No entanto, na maior parte dos casos, as causas dos movimentos de vertente são múltiplas e verificam-se em simultâneo, razão pela qual tentar definir qual delas é responsável pela ruptura pode ser não só difícil, mas também incorreto. Nesse contexto, a abordagem às causas dos movimentos de vertente por parte das Ciências da Terra considera que existem três tipos de fatores que exercem influência na estabilidade de uma vertente: fatores de predisposição, fatores preparatórios e fatores desencadeantes (Glade; Crozier, 2005) (Fig. 4.6).

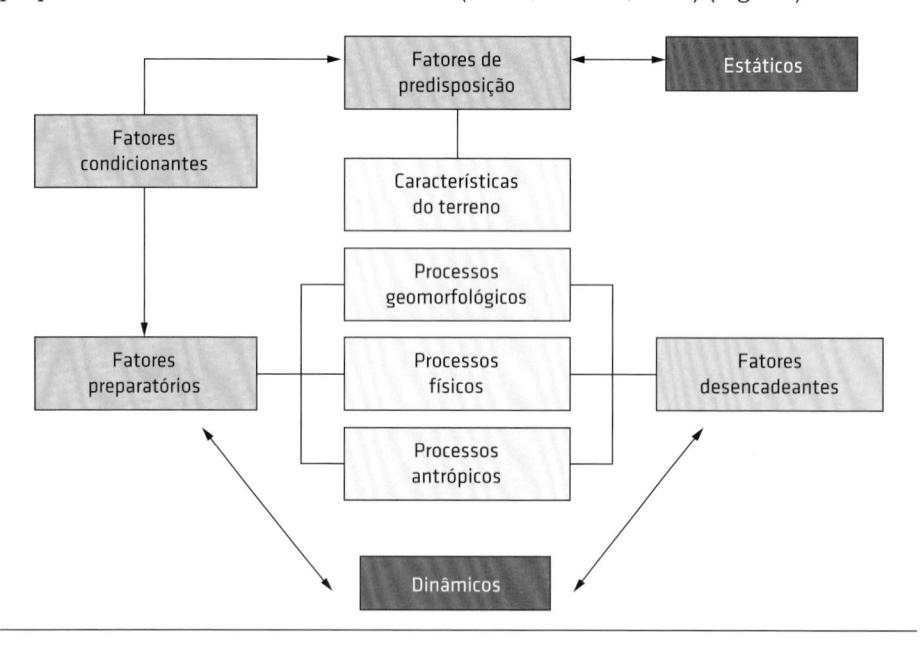

**FIG. 4.6** *Fatores de instabilidade das vertentes*
*Fonte: adaptado de Popescu (1994) e Glade e Crozier (2005)*

Os fatores de predisposição (por exemplo, litologia, declive) são estáticos e relativos a características intrínsecas ao próprio terreno, o que faz com que determinem a variação espacial do potencial de instabilidade num território.

A sua influência não se reduz apenas ao grau de estabilidade, podendo também atuar como catalisador de outros fatores dinâmicos, o que favorece o aumento da sua eficácia. Os fatores preparatórios, em conjunto com os fatores de predisposição, provocam um decréscimo da margem de estabilidade de uma vertente ao longo do tempo, sem, no entanto, serem responsáveis pelo início do movimento. Esses fatores, de caráter dinâmico, podem manifestar-se em escalas temporais relativamente longas (por exemplo, meteorização, movimentos tectônicos) ou num curto espaço de tempo (por exemplo, desflorestação, erosão, atividade antrópica). Os fatores desencadeantes, como precipitação intensa, rápida fusão da neve, precipitação prolongada, erupções vulcânicas, atividade sísmica e abertura de taludes, também são dinâmicos e determinam o ritmo temporal dos movimentos de vertente. Eles estabelecem a transição entre uma condição marginalmente estável para uma condição de instabilidade ativa, o que significa que são os responsáveis pelo início do movimento.

### 4.2.1 Fatores condicionantes (de predisposição e preparatórios) à ocorrência de deslizamentos superficiais e escoadas de detritos

São vários os limiares de declive referenciados na literatura como favoráveis à iniciação de deslizamentos superficiais e de escoadas de detritos, porém todos eles apresentam como característica comum um valor relativamente elevado. Corominas (1996) indica que os locais mais favoráveis à ocorrência de deslizamentos superficiais corresponde a bacias de primeira ordem com vertentes cujo declive varia entre 18° e 50°, embora a maioria das rupturas se localize em declives entre 25° e 45°. Também no que concerne à iniciação das escoadas de detritos, Hungr (2005) indica uma maior suscetibilidade em declives compreendidos entre 20° e 45°, uma vez que valores inferiores poderão ser insuficientes para favorecer a deslocação gravítica do material, enquanto vertentes com pendor superior a 45° não apresentam condições adequadas à formação de solos. Iverson (2014) sugere que as áreas de iniciação se localizam, tendencialmente, em vertentes com declive superior a 25°/30°, enquanto Ancey (2010) realça que as vertentes com declive superior a 35° são mais propensas à erosão, causada pelo escoamento superficial, e à ocorrência de deslizamentos superficiais. Calligaris e Zini (2012), numa abordagem mais conservadora, indicam que a suscetibilidade é mais elevada em vertentes com declive acima de 15°.

A litologia é, também, um fator de predisposição bastante relevante na ocorrência de deslizamentos superficiais e de escoadas de detritos, pois as áreas mais propícias à iniciação desses dois tipos de movimento de vertente são aquelas em que os materiais que constituem o substrato rochoso, sujeitos à meteorização física e química (fator preparatório), produzem quantidades abundantes de detritos (Iverson, 2014). Adicionalmente, em algumas regiões do planeta, a intensa atividade sísmica é um fator preparatório a se ter em consideração, por sua capacidade de gerar depósitos de material solto, que facilmente se mobilizam na presença de água (Zhang et al., 2012).

A ausência ou escassez de vegetação, devida a incêndios florestais e a atividades ligadas à extração de madeira, entre outros, é um fator preparatório frequentemente associado à ocorrência de deslizamentos superficiais e de escoadas de detritos (Corominas, 1996; Cannon; Kirkham; Parise, 2001; Nettleton et al., 2005). O efeito da vegetação na estabilidade das vertentes pode ser classificado como mecânico ou hidrológico e varia de acordo com a densidade e o tipo de cobertura vegetal (Nettleton et al., 2005). A respeito do efeito mecânico, os principais benefícios estão relacionados com as raízes, que produzem um reforço mecânico e uma contenção do solo, o que leva a um aumento da sua coesão. Do ponto de vista hidrológico, o efeito da vegetação reflete-se na perda de precipitação, por interceptação, e na redução da umidade do solo, por evapotranspiração (Van Beek, 2002). Nesse sentido, é evidente que a ausência de cobertura vegetal intensifica a erosão causada pelo escoamento superficial da água. Porém, embora os efeitos hidrológicos da vegetação exerçam uma função extremamente importante na estabilidade das vertentes a longo prazo, eles são pouco significativos durante a ocorrência de episódios de precipitação intensa. Por outro lado, nas regiões temperadas, os deslizamentos superficiais e as escoadas de detritos ocorrem, de forma geral, durante o outono e o inverno, o que coincide com a época do ano em que existe um maior conteúdo de água no solo e uma menor taxa de evapotranspiração. Por esse motivo, o efeito mecânico da vegetação adquire maior relevância, em comparação ao hidrológico. Assim, o reforço transmitido pelas raízes, na resistência ao cisalhamento, poderá determinar a estabilidade ou instabilidade de uma vertente, especialmente nas situações em que o estado de equilíbrio é muito tênue, devido à saturação total ou parcial do solo (Sidle, 2005). Além disso, o contributo mecânico tem um maior significado em solos superficiais, atendendo à possibilidade de as raízes se fixarem com firmeza em substratos rochosos estáveis, ao contrário do que acontece quando as potenciais superfícies de ruptura apresentam áreas e profundidades consideráveis (Sidle, 2005).

## 4.2.2 Fatores desencadeantes de deslizamentos superficiais e escoadas de detritos

A presença de água é um fator determinante no desencadeamento de deslizamentos superficiais e de escoadas de detritos. Contudo, a iniciação desses dois tipos de movimento de vertente também pode resultar de atividade sísmica. As escoadas de detritos encontram-se frequentemente associadas a eventos meteorológicos extremos, tais como tempestades que originam precipitações intensas ou a rápida fusão de neve devida a um aumento brusco da temperatura (Wieczorek; Glade, 2005). Destacam-se ainda, como fatores desencadeantes, a súbita libertação de água causada pelo rompimento de barragens naturais (Takahashi, 2007b), a fusão de neve ou gelo devida a erupções vulcânicas (Major; Pierson; Scott, 2005) e o colapso das estruturas que sustentam os lagos glaciares (Breien et al., 2008), embora sejam situações menos comuns do que os eventos meteorológicos extremos.

Alguns autores indicam a importância da precipitação antecedente no desencadeamento das escoadas de detritos (Wieczorek; Glade, 2005; Baum; Godt, 2010), e vários estudos demonstraram que, em diversas regiões do planeta, a saturação do solo foi determinante para que o movimento fosse desencadeado na sequência de eventos sísmicos (Wieczorek; Glade, 2005). De acordo com Baum e Godt (2010), as escoadas de detritos em vertentes com vegetação iniciam-se através de deslizamentos superficiais, que geralmente ocorrem após uma precipitação antecedente significativa. Todavia, a quantidade total de precipitação necessária para desencadear deslizamentos superficiais é menor quando comparada à quantidade necessária aos deslizamentos cuja superfície de ruptura se localiza a uma maior profundidade (Van Beek, 2002). O tempo necessário para que o conteúdo de água no solo aumente consideravelmente está estreitamente ligado a características específicas do próprio solo, principalmente no que diz respeito a espessura, resistência e condutividade hidráulica. Dependendo do seu grau de saturação, uma tempestade de maior ou menor duração poderá gerar um aumento da pressão intersticial e, consequentemente, uma diminuição da resistência efetiva, o que leva ao desencadeamento de deslizamentos superficiais que, eventualmente, poderão transformar-se em escoadas de detritos.

Em regra, quando a precipitação é o fator desencadeante, o desenvolvimento de deslizamentos superficiais deriva da diminuição da resistência ao corte do terreno, por incremento brusco da pressão da água nos poros e redução drástica da coesão aparente dos horizontes superiores do solo, decorrente do aumento do teor em água, que progride em frente de percolação. A profundidade crítica da ruptura é determinada pela espessura do solo, pela coesão do terreno e pelo declive da vertente. Chuvas intensas em períodos de duração tipicamente entre 1 e 15 dias constituem a situação crítica responsável pelos eventos de instabilidade.

Nos casos em que as escoadas de detritos não têm início em deslizamentos superficiais, sobressai-se a importância da escorrência superficial com caudal elevadíssimo em sub-bacias de primeira ordem, com fornecimento muito abundante de água a massas de detritos acumulados nos canais. Nesses casos, a precipitação antecedente tem pouco significado, uma vez que o mecanismo é desencadeado por precipitações com elevada intensidade e curta duração, normalmente de apenas algumas horas (Malet; Remaître, 2011).

## 4.3 Avaliação da suscetibilidade à ruptura e à propagação dos deslizamentos superficiais e escoadas de detritos

A avaliação da suscetibilidade à ocorrência de movimentos de vertente é sustentada conceitualmente por três princípios (Varnes, 1984; Hutchinson, 1995): (i) os movimentos de vertente podem ser reconhecidos, classificados e cartografados; (ii) as condições que causam os movimentos (fatores de instabilidade) podem ser identificadas, registradas e utilizadas para construir modelos preditivos; e (iii) a ocorrência de movimentos de vertente pode ser inferida no espaço. Desse modo, considera-se que os futuros movimentos de vertente têm maior probabilidade de ocorrer sob condições geológicas e geomorfológicas idênticas às que determinaram a instabilidade presente e passada. Essa assunção fundamental da avaliação da suscetibilidade baseia-se na aplicação prospectiva do princípio do uniformitarismo ("o passado e o presente são as chaves para o futuro").

O potencial destrutivo induzido pelos deslizamentos superficiais e pelas escoadas de detritos é tipicamente mais significativo ao longo da trajetória do movimento, assim como na área de deposição, pelo que diversos autores sugerem que a determinação das áreas de ruptura em conjunto com áreas de propagação do material mobilizado constitui a solução mais adequada para a predição da instabilidade geomorfológica (Hürlimann; Copons; Altimir, 2006; Van Westen; Van Asch; Soeters, 2006; Guinau; Vilajosana; Vilaplana, 2007; Melo; Zêzere, 2017a, 2017b; Melo et al., 2019).

Consequentemente, os mapas de suscetibilidade deverão integrar não só as áreas de ruptura (ou as áreas de iniciação dos movimentos), mas também as áreas potencialmente atingidas pelo material mobilizado. Isso significa que a análise da suscetibilidade deverá ser separada em duas etapas distintas: (i) modelação das áreas de iniciação do movimento; e (ii) modelação das respectivas áreas de propagação, utilizando, como *input*, os mapas com a delimitação das potenciais áreas de iniciação.

O mapa de suscetibilidade de potenciais áreas de ruptura indica a probabilidade espacial de ocorrência de futuros movimentos de vertente e pode ser elaborado recorrendo-se a métodos qualitativos (heurísticos) ou quantitativos (estatísticos e determinísticos) (Soeters; Van Westen, 1996; Dai; Lee; Ngai, 2002; Van Westen; Van Asch; Soeters, 2006; Van Westen et al., 2013). Os métodos heurísticos subdividem-se em diretos (análise geomorfológica, cartografia direta) ou indiretos (de indexação). Na abordagem indireta, o peso específico atribuído a cada uma das variáveis ou fatores responsáveis pela instabilidade geomorfológica é baseado no conhecimento *a priori* por parte do investigador. Desse modo, as regras para a delimitação das áreas instáveis baseiam-se em decisões subjetivas, o que constituiu uma das principais limitações desse método (Van Westen et al., 2013).

Nos últimos 20 anos, o avanço tecnológico e a utilização dos sistemas de informação geográfica (SIG) permitiram uma generalização do uso de métodos quantitativos (Van Westen; Van Asch; Soeters, 2006; Bai et al., 2010). Os modelos estatísticos bivariados (Fig. 4.7) e multivariados (Fig. 4.8) têm sido cada vez mais utilizados (Melo; Zêzere, 2017a, 2017b; Oliveira et al., 2017; Zêzere et al., 2017; Melo et al., 2019), uma vez que permitem quantificar a importância de cada variável independente no modelo de suscetibilidade, ao mesmo tempo que possibilitam a validação dos resultados através da elaboração de curvas de sucesso e de predição (Chung; Fabbri, 2003) ou de curvas ROC (*receiver operating characteristic*) (Beguería, 2006).

A aplicação de métodos determinísticos (ou de base física) implica o conhecimento dos parâmetros geotécnicos e hidrológicos dos terrenos. A incerteza inerente a esses dados, bem como à geometria e à profundidade dos planos de ruptura, tem motivado a escolha de métodos simples, como o modelo da vertente infinita, para o cálculo do fator de segurança das vertentes (Montgomery; Dietrich, 1994).

Uma vez determinadas as potenciais áreas de iniciação, é necessário analisar o comportamento da propagação do material mobilizado, com o objetivo de definir o seu trajeto ao longo da vertente e delimitar as áreas afetadas pela sua passagem e deposição. Esse tipo de avaliação é tão mais necessário quanto maior for a taxa de propagação dos movimentos de vertente.

**FIG. 4.7** *Avaliação da suscetibilidade à ocorrência de áreas de ruptura de escoadas de detritos por meio de método estatístico bivariado (valor informativo)*

Fonte: Melo e Zêzere (2017b).

No que diz respeito à avaliação da propagação de deslizamentos superficiais, é notória a escassez de estudos, independentemente do método utilizado. Isso pode estar relacionado com os danos potenciais causados por esse tipo de movimento de vertente, os quais são substancialmente inferiores se comparados aos causados pelas escoadas de detritos. Não obstante, os deslizamentos superficiais frequentemente afetam estruturas e infraestruturas, provocando danos diretos e indiretos. Nesse sentido, Melo et al. (2019) desenvolveram um modelo simples de autômatos celulares que simula a propagação de deslizamentos superficiais à escala da bacia hidrográfica (Fig. 4.9).

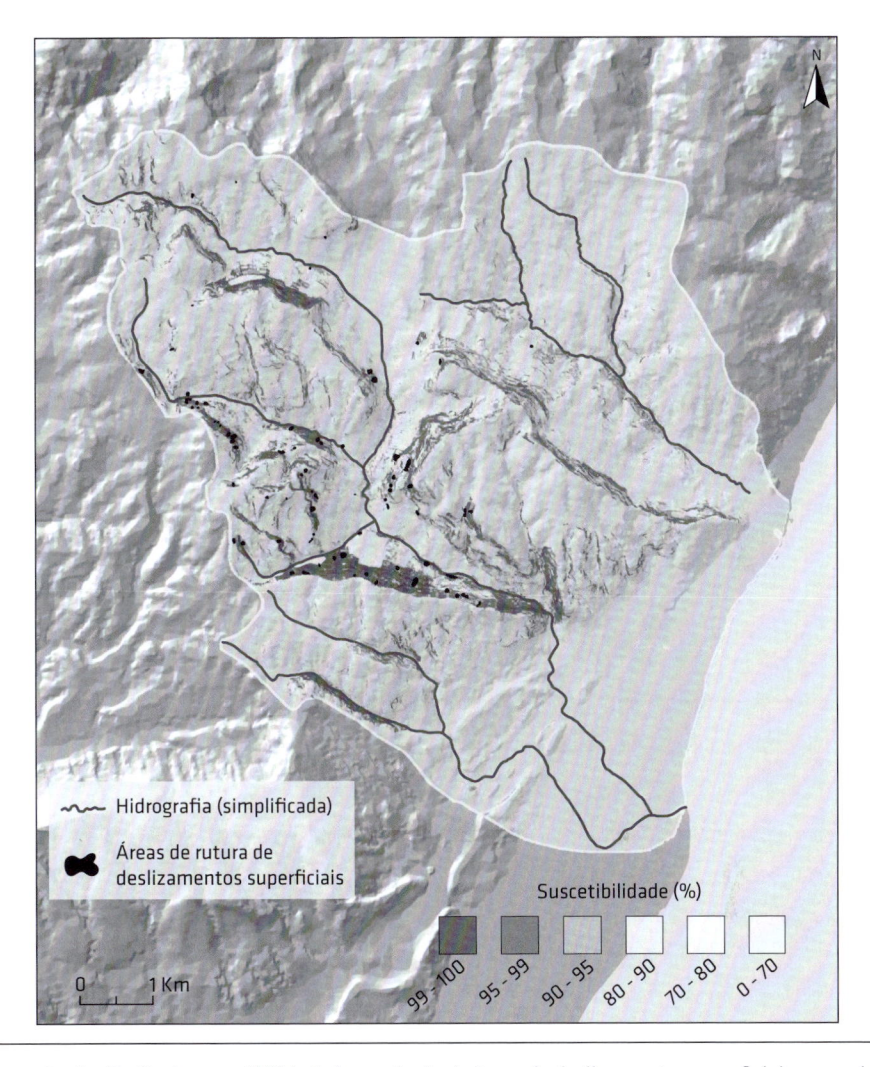

**FIG. 4.8** *Avaliação da suscetibilidade à ocorrência de áreas de deslizamentos superficiais por meio de método estatístico multivariado (regressão logística)*

Fonte: Melo et al. (2019).

Relativamente às escoadas de detritos, alguns estudos têm se focado na determinação da propagação do material mobilizado recorrendo a algoritmos simples que calculam a direção do escoamento (Guinau; Vilajosana; Vilaplana, 2007; Melo; Zêzere, 2017a), a abordagens empírico-estatísticas (Benda; Cundy, 1990; Corominas, 1996; Fannin; Wise, 2001; Scheidl; Rickenmann, 2010; Melo; Zêzere, 2017b), a métodos analíticos (Hürlimann et al., 2007) ou a métodos dinâmicos (D'Ambrosio; Di Gregorio; Iovine, 2003; Quan Luna et al., 2016; Avolio et al., 2013; Van Asch et al., 2014; Melo; Van Asch; Zêzere, 2018).

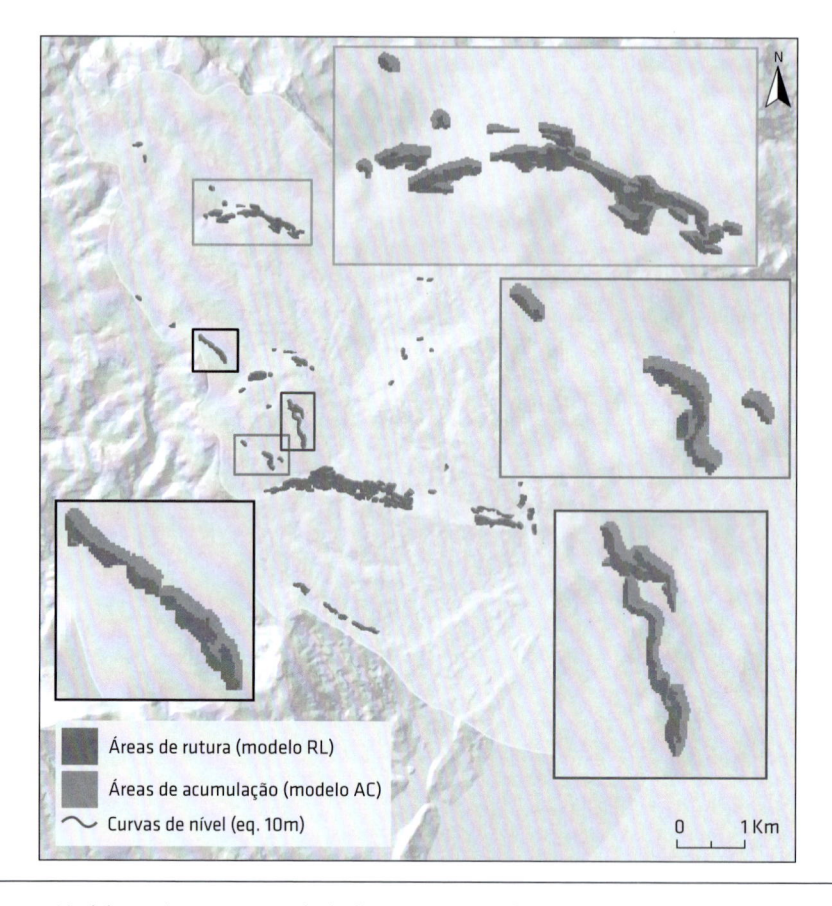

**FIG. 4.9** *Modelação da propagação de deslizamentos superficiais, à escala da bacia hidrográfica, com base num modelo de autómatos celulares*

Fonte: Melo et al. (2019).

A análise da direção do escoamento assenta-se no pressuposto de que as escoadas de detritos tendem a percorrer os trajetos com máximo declive e a convergir com a rede de drenagem (Guinau; Vilajosana; Vilaplana, 2007), razão pela qual se recorre a algoritmos hidrológicos simples que calculam a direção do escoamento em cada célula do modelo digital do terreno (Fig. 4.10) (Melo; Zêzere, 2017a).

Já a abordagem empírica (Fig. 4.11) baseia-se na análise de relações estatísticas entre o volume do movimento, a topografia e a distância percorrida pelo material mobilizado (Hungr; Corominas; Eberhardt, 2005), pelo que se trata de modelos que não consideram os processos físicos que controlam o movimento e a deposição dos fluxos de detritos (Fannin; Wise, 2001).

Os modelos analíticos (Hürlimann et al., 2007; Mergili et al., 2012) incorporam leis de resistência ao fluxo para estimar a velocidade ao longo de uma trajetória previamente definida. Não obstante, um inconveniente nesse tipo de abordagem relaciona-se com o fato de a massa da escoada de detritos ser definida através de um único ponto (Mergili et al., 2012), o que significa que, do total da massa em movimento, somente pode ser calculada a deslocação do centro de gravidade.

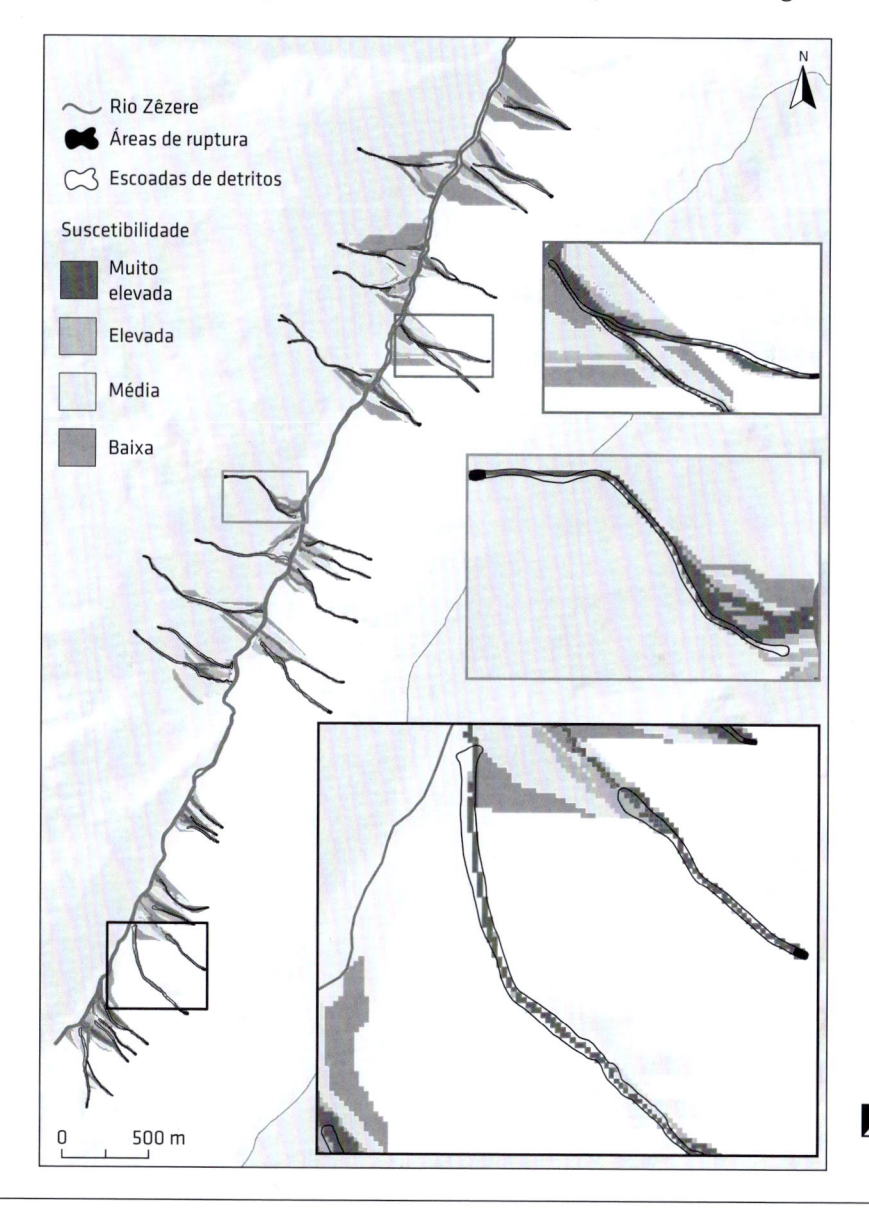

**FIG. 4.10** *Modelação da propagação de escoadas de detritos, à escala da bacia hidrográfica, com base num modelo hidrológico simples*

Fonte: Melo e Zêzere (2017a).

Tal situação poderá introduzir erros no cálculo da distância máxima percorrida, considerando que entre o centro de gravidade e o limite distal do depósito pode existir uma distância significativa (Hürlimann et al., 2007).

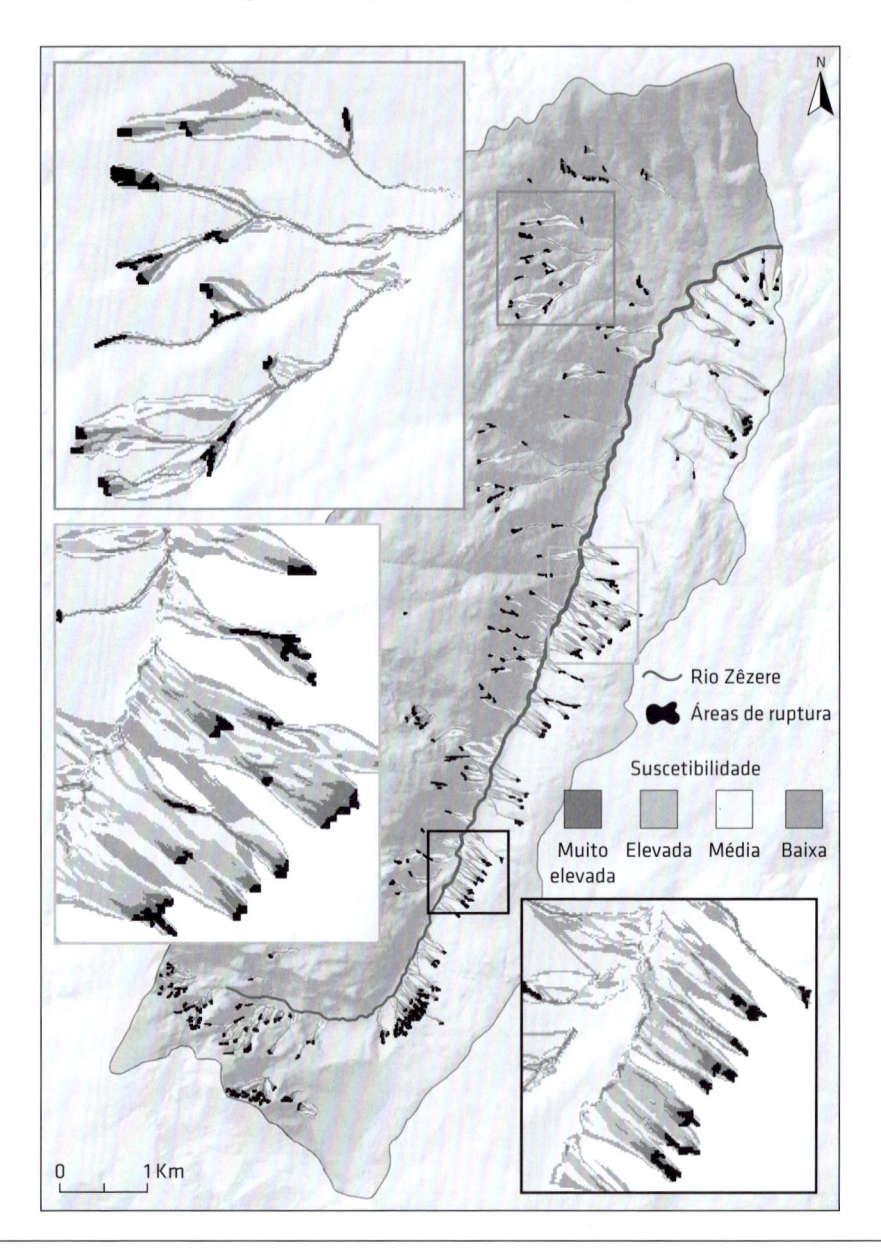

Fig. 4.11 *Modelação da propagação de escoadas de detritos, à escala da bacia hidrográfica, com base no modelo empírico Flow-R*
Fonte: *Melo e Zêzere (2017b).*

A abordagem dinâmica é resolvida numericamente, através de modelos de base física assentes na mecânica de fluidos. Os modelos dinâmicos contínuos baseiam-se na aplicação de leis de conservação de massa, *momentum* (ou quantidade de movimento) e energia, e o comportamento do material em movimento é definido pelas respectivas propriedades reológicas (Dai; Lee; Ngai, 2002).

O grande desafio da abordagem dinâmica é a seleção da reologia mais apropriada para a simulação do comportamento do fluxo, bem como a estimativa ou calibração dos parâmetros-chave do modelo. Frequentemente, esses parâmetros são estimados através da retroanálise de eventos passados (Rickenmann et al., 2006; Melo; Van Asch; Zêzere, 2018), e a calibração por retroanálise é geralmente executada por tentativa e erro. Não obstante, a aplicação de técnicas automáticas mais sofisticadas, tais como os algoritmos genéticos (Iovine; D'Ambrosio; Di Gregorio, 2005; Terranova et al., 2015), tem possibilitado a obtenção de avaliações cada vez mais exaustivas dos parâmetros de calibração.

A validação dos *outputs* produzidos pelos modelos dinâmicos, cujos parâmetros caracterizam o comportamento da propagação (como velocidade, espessura/volume dos depósitos), é essencialmente uma tarefa complexa. Por exemplo, se é conhecido o volume total de detritos depositado, tal informação pode ser utilizada para efeitos de validação do modelo (Van Asch et al., 2014). Porém, geralmente a informação existente é bastante escassa, particularmente no caso de ocorrências de escoadas de detritos. Assim, torna-se possível validar os modelos apenas através da comparação entre o padrão espacial das simulações e dos eventos reais, e por isso frequentemente se recorre a *fitness functions* (Iovine; D'Ambrosio; Di Gregorio, 2005; Avolio et al., 2013) como forma de quantificar o grau de acerto entre a simulação e a realidade. Consequentemente, a abordagem dinâmica, embora bastante difundida na modelação da propagação de escoadas de detritos à escala da vertente, tem tido pouca aplicação em modelos à escala da bacia hidrográfica. Destacam-se os trabalhos de Revellino et al. (2004) e Hürlimann, Copons e Altimir (2006) na aplicação de modelos dinâmicos 1D. Mais recentemente, Quan Luna et al. (2016) e Melo, Van Asch e Zêzere (2018) implementaram um modelo dinâmico contínuo que simula, a 2D, os mecanismos de iniciação, bem como os processos de erosão e deposição (Fig. 4.12).

Comparativamente aos modelos estáticos, de base física ou estatística, os modelos dinâmicos têm a vantagem de permitir simular os movimentos de vertente no espaço e no tempo. Além disso, e ao contrário do que acontece com os modelos empíricos, os modelos dinâmicos permitem o cálculo da velocidade do fluxo, do volume, da espessura dos depósitos, da pressão de impacto contra obstáculos e da extensão da propagação da massa deslocada, sendo que alguns desses parâmetros são cruciais para a avaliação da perigosidade e do risco. Desse modo, para além do interesse do ponto de vista teórico, esses modelos são fundamentais para a aplicação de medidas estruturais de mitigação e criação de sistemas de alerta.

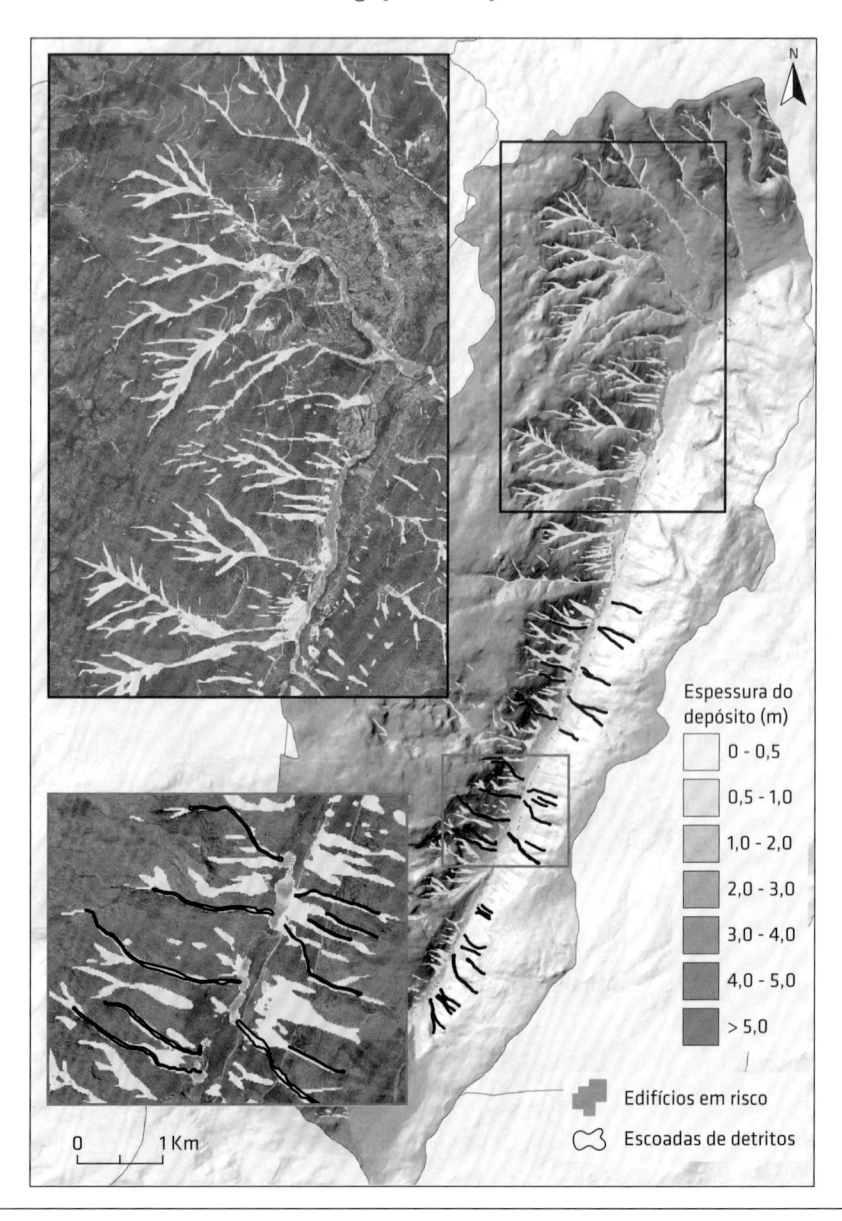

FIG. 4.12 *Modelação da propagação de escoadas de detritos, à escala da bacia hidrográfica, com base no modelo dinâmico a 2D*

Fonte: Melo, Van Asch e Zêzere (2018).

## 4.4 Conclusão

O presente capítulo versou sobre a caracterização dos principais processos e fatores relacionados com a ocorrência dos dois tipos de movimento de vertente mais comuns, à escala global, e com maior potencial destrutivo: os deslizamentos superficiais e as escoadas de detritos. Consequentemente, elaborou-se uma descrição, não exaustiva, de modelos de suscetibilidade frequentemente utilizados na literatura científica, colocando a tônica nas abordagens que integram a suscetibilidade às áreas de ruptura e de propagação desses dois tipos de movimento.

Atendendo ao estado da arte dos processos e modelos de avaliação da suscetibilidade, destacam-se algumas reflexões consideradas relevantes e, particularmente, a se ter em conta em trabalhos futuros:

* Não obstante toda a investigação realizada no sentido de melhorar o conhecimento acerca dos mecanismos responsáveis pelo desenvolvimento das escoadas de detritos, permanecem ainda algumas incertezas em relação aos processos implícitos na transição de deslizamento para escoada, bem como no que diz respeito à iniciação das escoadas de detritos com origem num escoamento superficial concentrado e à incorporação de sedimentos ao longo do trajeto percorrido, que resulta num aumento da magnitude do movimento.
* A avaliação da suscetibilidade à ocorrência de deslizamentos superficiais e escoadas de detritos, com métodos estatísticos, possibilita a produção de cartografia, alcançada por meio de metodologias simples e de baixo custo, onde se integram as áreas de iniciação dos movimentos e as áreas potencialmente atingidas pelo material mobilizado. No entanto, como os dados necessários à execução dos modelos derivam quase exclusivamente do modelo digital do terreno, o que facilita a sua aplicação a áreas extensas e com informação limitada, a qualidade do modelo é crucial para a obtenção de resultados fidedignos. Dessa forma, um inventário de movimentos de vertente incompleto poderá conduzir a modelos cuja validação (curvas de predição ou curvas ROC e quantificação da área abaixo da curva) indica resultados excepcionalmente bons, mas que, na realidade, refletem uma verdadeira limitação dos modelos estatísticos. Isso acontece quanto existem poucos dados de presença de movimentos para modelar e, consequentemente, para validar os modelos, o que resulta em taxas de acerto demasiado otimistas. Por outro

lado, numa determinada área em estudo, deve ser evitada a amostragem de pontos de ausência onde, à partida, não existem esses dois tipos de movimento de vertente (por exemplo, devido a declives nulos ou muito reduzidos), pois uma abordagem contrária provocará um incremento fictício dos *scores* de probabilidade espacial e da capacidade preditiva do modelo. Os procedimentos de validação dos modelos estatísticos devem, ainda, ser verificados com critérios geomorfológicos que atendem ao funcionamento dos processos, de forma a salvaguardar um eventual enviesamento dos dados.

✴ A comparação entre os modelos estatísticos e os determinísticos apenas com base na sua capacidade preditiva, obtida pelo cálculo da área abaixo da curva, não é um procedimento legítimo. Trata-se de modelos conceitualmente diferentes e com níveis de exigência variados, cujos resultados têm de ser interpretados de forma distinta. Por exemplo, enquanto no modelo determinístico os falsos positivos são considerados um erro, pois em todas as áreas com fator de segurança inferior ou igual a 1 teria que ocorrer instabilidade para que o modelo fosse isento de erros, no caso dos métodos estatísticos os falsos positivos não significam necessariamente um erro de classificação. Eles podem apenas dar a indicação das áreas onde não ocorreu instabilidade, mas que são propensas à sua ocorrência. No entanto, algumas ilações podem ser retiradas da aplicabilidade desses tipos de métodos. Em primeiro lugar, é razoável concluir que o tipo de modelo (estatístico ou determinístico) deve ser escolhido em função dos dados disponíveis. Quando o inventário de movimentos de vertente é fidedigno e completo, o modelo estatístico pode representar a melhor opção para definir quais as variáveis com maior influência na ocorrência da instabilidade e, desse modo, estabelecer padrões espaciais onde se verifica essa mesma relação. Contudo, se o inventário não é completo, o modelo determinístico constitui uma boa opção. Ao contrário dos modelos elaborados com métodos estatísticos, os inventários de movimentos de vertente não são utilizados na avaliação da suscetibilidade com métodos determinísticos. No entanto, os inventários continuam a ser fundamentais para a fase de validação dos mapas de suscetibilidade obtidos. Em alguns trabalhos, ficou demonstrado que a combinação e integração dos resultados provenientes dos modelos estatístico e determinístico, num único mapa de suscetibilidade, permitiu colmatar as fragilidades inerentes a cada um dos métodos. Adicionalmente, a combinação de ambos os métodos tornou possível identificar áreas classificadas como incertas, no que diz respeito à suscetibilidade, mas com potencial de apresentarem suscetibilidade elevada ou muito elevada à ocorrência de deslizamentos superficiais e escoadas de detritos, o que não é possível quando se utiliza um único modelo de suscetibilidade.

## Referências bibliográficas

ANCEY, C. Debris flows. In: SCHREFLER, B.; DELAGE, P. (Ed.). *Environmental Geomechanics*. Hoboken, USA: John Wiley & Sons, 2010. p. 1-37.

AVELAR, A. S.; NETTO, A. L. C.; LACERDA, W. A.; BECKER, L. B.; MENDONÇA, M. B. Mechanisms of the Recent Catastrophic Landslides in the Mountainous Range of Rio de Janeiro, Brazil. In: MARGOTTINI, C.; CANUTI, P.; SASSA, K. (Ed.). *Landslide Science and Practice*. Berlin, Heidelberg: Springer, 2013. p. 265-270.

AVOLIO, M. V.; DI GREGORIO, S.; LUPIANO, V.; MAZZANTI, P. SCIDDICA-SS3: A New Version of Cellular Automata Model for Simulating Fast Moving Landslides. *The Journal of Supercomputing*, v. 65, p. 682-696, 2013.

BAI, S.; WANG, J.; LÜ, G.; ZHOU, P.; HOU, S.; XU, S. GIS-based Logistic Regression for Landslide Susceptibility Mapping of the Zhongxian Segment in the Three Gorges Area, China. *Geomorphology*, v. 115, p. 23-31, 2010.

BAUM, R. L.; GODT, J. W. Early Warning of Rainfall-Induced Shallow Landslides and Debris Flows in the USA. *Landslides*, v. 7, p. 259-272, 2010.

BEGUERÍA, S. Validation and evaluation of predictive models in hazard assessment and risk management. *Natural Hazards*, v. 37, n. 3, p. 315-329, 2006.

BENDA, L. E.; CUNDY, T. W. Predicting Deposition of Debris Flows in Mountain Channels. *Canadian Geotecnical Journal*, v. 27, p. 409-417, 1990.

BOGAARD, T. 2001. *Analysis of Hydrological Processes in Unstable Clayey Slopes*. Ph.D. thesis – Utrecht University, Utrecht, 2001.

BREIEN, H.; DE BLASIO, F. V.; ELVERHØI, A.; HØEG, K. Erosion and Morphology of a Debris Flow Caused by a Glacial Lake Outburst Flood, Western Norway. *Landslides*, v. 5, p. 271-280, 2008.

CALLIGARIS, C.; ZINI, L. Debris Flow Phenomena: A Short Overview. In: DAR, I. A. (Ed.). *Earth Sciences*. Croatia: InTech, 2012. p. 71-90.

CANNON, S. H.; KIRKHAM, R. M.; PARISE, M. Wildfire-Related Debris-Flow Initiation Processes, Storm King Mountain, Colorado. *Geomorphology*, v. 39, p. 171-188, 2001.

CHUNG, C.-J. F.; FABBRI, A. G. Validation of Spatial Prediction Models for Landslide Hazard Mapping. *Natural Hazards*, v. 30, p. 451-472, 2003.

COROMINAS, J. Debris Slide. In: DIKAU, R.; BRUNSDEN, D.; SCHROTT, L.; IBSEN, M.-L. (Ed.). *Landslide Recognition. Identification, Movement and Causes*. Chichester: John Wiley & Sons, 1996. p. 97-102.

COROMINAS, J.; REMONDO, J.; FARIAS, P.; ESTEVÃO, M.; ZÊZERE, J.; DÍAZ DE TERÁN, J.; DIKAU, R.; SCHROTT, L.; MOYA, J.; GONZÁLEZ, A. Debris Flow. In: DIKAU, R.; BRUNSDEN, D.; SCHROTT, L.; IBSEN, M.-L. (Ed.). *Landslide Recognition. Identification, Movement and Causes*. Chichester: John Wiley & Sons, 1996. p. 161-180.

COSTA, J. E. Physical Geomorphology of Debris Flows. In: COSTA, J. E.; FLEISHER, P. J. (Ed.). *Developments and Applications of Geomorphology*. Berlin: Springer-Verlag, 1984. p. 268-312.

CRUDEN, D. M.; VARNES, D. J. Landslide Types and Processes. In: TURNER, A. K.; SCHUSTER, R. L. (Ed.). *Special Report 247: Landslides Investigation and Mitigation*. Washington D. C.: Transportation Research Board, National Research Council, 1996. p. 36-75.

DAI, F. C.; LEE, C. F.; NGAI, Y. Y. Landslide Risk Assessment and Management: An Overview. *Engineering Geology*, v. 64, p. 65-87, 2002.

D'AMBROSIO, D.; DI GREGORIO, S.; IOVINE, G. Simulating Debris Flows Through a Hexagonal Cellular Automata Model: SCIDDICA S3–hex. *Natural Hazards and Earth System Sciences*, v. 3, p. 545-559, 2003.

FANNIN, R. J.; WISE, M. P. An Empirical-Statistical Model for Debris Flow Travel Distance. *Canadian Geotechnical Journal*, v. 38, n. 5, p. 982-994, 2001.

GLADE, T.; CROZIER, M. J. The Nature of Landslide Hazard Impact. In: GLADE, T.; ANDERSON, M.; CROZIER, M. J. (Ed.). *Landslide Hazard and Risk*. Chichester, England: John Wiley & Sons, 2005. p. 41-74.

GUINAU, M.; VILAJOSANA, I.; VILAPLANA, J. M. GIS-Based Debris Flow Source and Runout Susceptibility Assessment from DEM data: A Case Study in NW Nicaragua. *Natural Hazards and Earth System Sciences*, v. 7, p. 703-716, 2007.

HUNGR, O. Classification and Terminology. In: JAKOB, M.; HUNGR, O. (Ed.). *Debris-Flow Hazards and Related Phenomena*. Berlin: Praxis-Springer, 2005. p. 9-23.

HUNGR, O.; COROMINAS, J.; EBERHARDT, E. State of the Art Paper #4, Estimating Landslide Motion Mechanism, Travel Distance and Velocity. In: HUNGR, O.; FELL, R.; COUTURE, R.; EBERHARDT, E. (Ed.). *Landslide Risk Management*. Vancouver: Taylor & Francis, 2005. p. 99-128.

HUNGR, O.; LEROUEIL, S.; PICARELLI, L. The Varnes Classification of Landslide Types, an Update. *Landslides*, v. 11, p. 167-194, 2014.

HUNGR, O.; MCDOUGALL, S.; BOVIS, M. Entrainment of Material by Debris Flows. In: JAKOB, M.; HUNGR, O. (Ed.). *Debris-Flow Hazards and Related Phenomena*. Berlin: Praxis-Springer, 2005. p. 135-158.

HÜRLIMANN, M.; COPONS, R.; ALTIMIR, J. Detailed Debris Flow Hazard Assessment in Andorra: A Multidisciplinary Approach. *Geomorphology*, v. 78, p. 359-372, 2006.

HÜRLIMANN, M.; MEDINA, V.; BATEMAN, A.; COPONS, R.; ALTIMIR, J. Comparison of Different Techniques to Analyse the Mobility of Debris Flows During Hazard Assessment — Case Study in La Comella Catchment, Andorra. In: CHEN, C.-L.; MAJOR, J. J. (Ed.). *Debris-Flow Hazard Mitigation*: Mechanics, Prediction and Assessment. Netherlands: Millpress, 2007. p. 411-422.

HUTCHINSON, J. Keynote Paper: Landslide Hazard Assessment. In: BELL, D.; BALKEMA, A. A. (Ed.). *Landslides*. Rotterdam, 1995. p. 1805-1841.

IOVINE, G.; D'AMBROSIO, D.; DI GREGORIO, S. Applying Genetic Algorithms for Calibrating a Hexagonal Cellular Automata Model for the Simulation of Debris Flows Characterized by Strong Inertial Effects. *Geomorphology*, v. 66, p. 287-303, 2005.

IVERSON, R. M. Debris Flows: Behaviour and Hazard Assessment. *Geology Today*, v. 30, p. 15-20, 2014.

IVERSON, R. M. The Physics of Debris Flows. *Review of Geophysics*, v. 35, n. 3, p. 245-296, 1997.

IVERSON, R. M.; REID, M. E.; LAHUSEN, R. G. Debris-Flow Mobilization from Landslides. *Annual Review of Earth and Planetary Sciences*, v. 25, p. 85-138, 1997.

LEROI, E. Landslide Hazard – Risk Maps at Different Scales: Objectives, Tools and Developments. In: SENNESET (Ed.). Landslides. *Proceedings of the 7th International Symposium on Landslides*, Balkema, Rotterdam, p. 35-51, 1996.

MAJOR, J. J.; PIERSON, T. C.; SCOTT, K. M. Debris flows at Mount St. Helens, Washington, USA. In: JAKOB, M.; HUNGR, O. (Ed.). *Debris-Flow Hazards and Related Phenomena*. Berlin: Praxis-Springer, 2005. p. 685-731.

MALET, J. P.; REMAÎTRE, A. *Statistical and Empirical Models for Prediction of Precipitation Induced Landslides*. Barcelonnette Case Study. Safeland deliverable. EU Safeland Project. 2011.

MELO, R.; ZÊZERE, J. L. Avaliação da suscetibilidade à rutura e propagação de fluxos de detritos na bacia hidrográfica do rio Zêzere (Serra da Estrela, Portugal). *Revista Brasileira de Geomorfologia*, v. 18, n. 1, p. 1-26, 2017a.

MELO, R.; ZÊZERE, J. L. Modeling Debris Flow Initiation and Run-Out in Recently Burned Areas Using Data-Driven Methods. *Natural Hazards*, v. 88, p. 1373-1407, 2017b.

MELO, R.; VAN ASCH, T.; ZÊZERE, J. L. Debris Flow Run-Out Simulation and Analysis Using a Dynamic Model. *Natural Hazards and Earth System Sciences*, v. 18, p. 555-570, 2018.

MELO, R.; ZÊZERE, J. L.; ROCHA, J.; OLIVEIRA, S. C. Combining Data-Driven Models to Assess Susceptibility of Shallow Slides Failure and Run-Out. *Landslides*, v. 16, p. 2259-2276, 2019.

MERGILI, M.; FELLIN, W.; MOREIRAS, S. M.; STÖTTER, J. Simulation of Debris Flows in the Central Andes Based on Open Source GIS: Possibilities, Limitations, and Parameter Sensitivity. *Natural Hazards*, v. 61, p. 1051-1081, 2012.

MONTGOMERY, D. R.; DIETRICH, W. E. A Physically-Based Model for the Topographic Control on Shallow Landsliding. *Water Resources Research*, v. 30, p. 1153-1171, 1994.

NETTLETON, I. M.; MARTIN, S.; HENCHER, S.; MOORE, R. Debris Flow Types and Mechanisms. In: WINTER, M. G.; MACGREGOR, F.; SHACKMAN, L. (Ed.). *Scottish Road Network Landslide Study*. Trunk Roads: Network Management Division Published Report Series, Edinburgh, 2005. p. 45-67.

OLIVEIRA, S. C.; ZÊZERE, J. L.; LAJAS, S.; MELO, R. Combination of Statistical and Physically Based Methods to Assess Shallow Slide Susceptibility at the Basin Scale. *Natural Hazards and Earth System Sciences*, v. 17, p. 1091-1109, 2017.

PARISEAU, W. G. *Design Analysis in Rock Mechanics*. 2. ed. CRC Press, Taylor & Francis, 2011.

POPESCU, M. E. A Suggested Method for Reporting Landslide Causes. *Bulletin de l'Association Internationale de Géologie de L'ingénieur*, v. 50, p. 71-74, 1994.

QUAN LUNA, B.; BLAHUT, J.; VAN ASCH, T.; VAN WESTEN, C. J.; KAPPES, M. ASCHFLOW – A Dynamic Landslide Run-Out Model for Medium Scale Hazard Analysis. *Geoenvironmental Disasters*, v. 3, n. 29, 2016. DOI: 10.1186/s40677-016--0064-7.

REVELLINO, P.; HUNGR, O.; GUADAGNO, F. M.; EVANS, S. G. Velocity and Runout Simulation of Destructive Debris Flows and Debris Avalanches in Pyroclastic Deposits, Campania Region, Italy. *Environmental Geology*, v. 45, n. 3, p. 295-311, 2004.

RICKENMANN, D.; LAIGLE, D.; MCARDELL, B. W.; HÜBL, J. Comparison of 2D Debris Flow Simulation Models with Field Events. *Computational Geosciences*, v. 10, p. 241-264, 2006.

SASSA, K.; WANG, G. H. Mechanism of Landslide-Triggered Debris Flows: Liquefaction Phenomena due to the Undrained Loading of Torrent Deposits. In: JAKOB, M.; HUNGR, O. (Ed.). *Debris-Flow Hazards and Related Phenomena.* Berlin: Praxis-Springer, 2005. p. 81-104.

SCHEIDL, C.; RICKENMANN, D. Empirical Prediction of Debris-Flow Mobility and Deposition on Fans. *Earth Surface Processes and Landforms*, v. 35, p. 157-173, 2010.

SIDLE, R. C. Influence of Forest Harvesting Activities on Debris Avalanches and Flows. In: JAKOB, M.; HUNGR, O. (Ed.). *Debris-Flow Hazards and Related Phenomena*. Berlin: Praxis-Springer, 2005. p. 386-409.

SIDLE, R. C.; BOGAARD, T. A. Dynamic Earth System and Ecological Controls of Rainfall-Initiated Landslides. *Earth-Science Reviews*, v. 159, p. 275-291, 2016.

SOETERS, R.; VAN WESTEN, C. J. Slope Instability Recognition, Analysis and Zonation. In: TURNER, A. K.; SCHUSTER, R. L. (Ed.). *Landslide*: Investigation and Mitigation. Special Report, v. 247. Transportation Research Board, National Research Council, National Academy Press, Washington, D.C., 1996. p. 129-177.

TAKAHASHI, T. Debris Flows: *Mechanics, Prediction and Countermeasures*. London, UK: Taylor & Francis, 2007a.

TAKAHASHI, T. Progress in Debris Flow Modeling. In: SASSA, K.; FUKUOKA, H.; WANG, F.; WANG, G. (Ed.). *Progress in Landslide Science*. Berlin: Springer-Verlag, 2007b. p. 60-77.

TERRANOVA, O. G.; GARIANO, S. L.; IAQUINTA, P.; IOVINE, G. $^{GA}$SAKe: Forecasting Landslide Activations by a Genetic-Algorithms-Based Hydrological Model. *Geoscientific Model Development*, v. 8, p. 1955-1978, 2015.

TERZAGHI, K. *Mecanismo dos escorregamentos de terra*. Trad. Pichler, E. Secção de Solos e Fundações do IPT (Instituto de Pesquisas Tecnológicas de São Paulo), 1952. Separata n° 467 do Boletim n° 67 de julho de 1952 (Departamento de Estradas de Rodagem) e da Revista Politécnica n° 167 de julho-agosto de 1952.

UNDP – UNITED NATIONS DEVELOPMENT PROGRAMME. *Reducing Disaster Risk*. A Challenge for Development. New York: UNDP – Bureau for Crisis Prevention and Recovery, 2004.

UNDRO – UNITED NATIONS DISASTER RELIEF COORDINATOR. *Natural Disasters and Vulnerability Analysis*. Report of Expert Group Meeting, Geneva, July 9-12, 1979. 49 p.

VAN ASCH, Th. W. J.; BUMA, J.; VAN BEEK, L. P. H. A View on Some Hydrological Triggering Systems in Landslides. *Geomorphology*, v. 30, p. 25-32, 1999.

VAN ASCH, Th. W. J.; TANG, C.; ALKEMA, D.; ZHU, J.; ZHOU, W. An Integrated Model to Assess Critical Rainfall Thresholds for Run-Out Distances of Debris Flows. *Natural Hazards*, v. 70, p. 299-311, 2014.

VAN BEEK, L. P. H. 2002. *Assessment of the Influence of Changes in Land Use and Climate on Landslide Activity in a Mediterranean Environment*. Ph.D. thesis, Utrecht University, Utrecht, 2002.

VAN WESTEN, C. J.; VAN ASCH, T. W. J.; SOETERS, R. Landslide Hazard and Risk Zonation—Why is it Still so Difficult? *Bulletin of Engineering Geology and the Environment*, v. 65, p. 167-184, 2006.

VAN WESTEN, C. J.; GHOSH, S.; JAISWAL, P.; MARTHA, T. R.; KURIAKOSE, S. L. From Landslide Inventories to Landslide Risk Assessment; An Attempt to Support Methodological Development in India. In: MARGOTTINI, C.; CANUTI, P.; SASSA, K. (Ed.). *Landslide Science and Practice*. v. 1. Berlin: Springer-Verlag, 2013. p. 3-20.

VARNES, D. J. *Landslide Hazard Zonation: A Review of Principles and Practice*. Paris: UNESCO, 1984.

WIECZOREK, G. F.; GLADE, T. Climatic Factors Influencing Occurrence of Debris Flows. In: JAKOB, M.; HUNGR, O. (Ed.). *Debris-Flow Hazards and Related Phenomena*. Berlin: Praxis-Springer, 2005. p. 325-362.

WP/WLI – WORKING PARTY ON WORLD LANDSLIDE INVENTORY; UNESCO. *Multilingual Landslide Glossary*. Richmond: International Geotechnical Societies, Canadian Geotechnical Society, 1993.

ZÊZERE, J. L.; PEREIRA, S.; MELO, R.; OLIVEIRA, S. C.; GARCIA, R. A. C. Mapping Landslide Susceptibility Using Data-Driven Methods. *Science of the Total Environment*, v. 589, p. 250-267, 2017.

ZHANG, S.; ZHANG, L. M.; PENG, M.; ZHANG, L. L.; ZHAO, H. F.; CHEN, H. X. Assessment of Risks of Loose Landslide Deposits Formed by the 2008 Wenchuan Earthquake. *Natural Hazards and Earth System Sciences*, v. 12, p. 1381-1392, 2012.

# cinco

## Dos riscos emergentes aos desastres recorrentes: os desafios de segurança ontológica ante uma gestão pública obtusa

*Norma Valencio*

No campo da sociologia, ao qual nos filiamos, há vários caminhos para a compreensão dos modos de funcionamento das estruturas sociais. Um deles é pelo exame do *campo* subjacente à dinamização das instituições, isto é, dá-se por meio da identificação dos atores e dos processos que configuram os seus embates para delinear as estruturas sociais e também, se considerada uma perspectiva bidirecional, por meio dos ditames institucionais que enquadram as estratégias de agência (Bourdieu, 2004).

Riscos de desastres são noções entrelaçadas que apontam não apenas para potenciais circunstâncias-limite na relação entre o cidadão e as instituições públicas (Valencio; Valencio, 2017), mas também para a existência de um campo de embates acerca do que essas noções significam e a que se prestam. Assim, são noções que indicam um compósito de arenas que imprime as condições institucionais para o desenrolar de políticas públicas no tema e para as tensões entre os atores implicados. O campo traz à tona diferentes modos de organização social, lugares de experiência e repertórios de sentidos de seus participantes. No tema de riscos de desastres, é o espaço político que mostra dinamicamente a distância entre as retóricas institucionais de controle de fatores ameaçantes e de proteção aos cidadãos e a capacidade efetiva de fazer frente ao problema.

Neste ensaio sociológico, parte-se da discussão sobre processos políticos mais amplos que fortalecem ou enfraquecem o campo de produção de políticas públicas numa nação, os quais, em última instância, apontam para a qualidade do ambiente democrático. Em seguida, são feitos alguns exercícios de proximidade crítica com atores-chave no campo específico da gestão de riscos de desastres no contexto brasileiro das últimas décadas, tendo em conta cenas pontuais de narrativas e práticas da escala do terreno, para, então, tornar a subsidiar uma discussão sociológica ampliada acerca de indícios que testam os limites de agência do cidadão comum e, portanto, desvelam as práticas que os rechaçam.

## 5.1 O reconhecimento institucional do campo de lutas como alimento da democracia

O campo de lutas é um espaço moldável, alterando-se não apenas de acordo com a composição de atores e o peso relativo que eles demonstram ter, uns frente aos outros, nas lutas contínuas que travam, mas também em conformidade com o grau de importância que as estruturas adquirem ao longo do tempo ou a partir de dadas circunstâncias históricas (Bourdieu, 2003). Se os atores podem rever as suas motivações para o engajamento em tais ou quais causas, articular-se de maneiras inusitadas ou reconfigurar o modo como expressam as suas bandeiras de luta, também as estruturas são passíveis de sofrer injunções que as levam a se robustecer ou a definhar, a despeito do que se passa nos principais embates em torno de seu funcionamento. Por mais robustas que pareçam num dia, atraindo para si adesões, disputas ou controvérsias, instituições podem ter pés de barro e esboroarem-se por efeitos colaterais de acontecimentos que sequer pareciam lhes dizer respeito diretamente.

Por vezes, a composição do campo é alterada em razão de acontecimentos dramáticos, os quais convocam forças adicionais ou incrementam subitamente o capital simbólico de alguns dos seus atores, configurando um inédito patamar de embates. Isso se dá, por exemplo, quando tais atores obtêm uma amplificação inesperada de seus apelos em prol de um acalentado desejo de renovação de estruturas mediante os novos requerimentos da vida social local, logrando rápida reação de ajustamento institucional. Por outras vezes, numa direção oposta, as arenas esvaziam-se devido ao enrijecimento e à perenidade de posições desbalanceadas e inconciliáveis entre as suas forças constituintes, o que conduz a uma petrificação das estruturas, fechadas em si mesmas, o que deforma as suas conexões com as injunções sociais às quais deveriam responder. Nesse caso, o desbalanço sistemático do campo pode levar ao enrijecimento dos modos de expressão institucionalizados ao limite, passando a manifestar-se como força bruta. Isso ocorre quando os mandatários vão se sentindo confiantes em performar cada vez mais impositivamente, negando um sentido de jogo que exija maior distribuição de capital político.

Tal como pondera Arendt (1989), a face mais obscura dessa tendência autoritária se revela quando são desconsideradas medidas de proteção legal aos grupos sociais em desvantagem; o exercício de liberdades individuais é posto em xeque; o reconhecimento da pluralidade humana torna-se objeto de escárnio; as polícias secretas vigiam e sistematizam informações para que, no plano institucional, se possam filtrar as lealdades dos cidadãos às estruturas de poder vigentes, ampliando a cultura do medo; os cidadãos passam a ser reificados, tratados como massa, e sujeitados a novas classificações ideológicas passíveis de condená-los facilmente como inimigos da nação. Quando levadas ao paroxismo, tais tendências autoritárias flertam abertamente com os regimes totalitários. Arendt pondera que, na história contemporânea,

> tem sido frequentemente apontado que os movimentos totalitários usam e abusam das liberdades democráticas com o objetivo de suprimi-las. Não porque seus líderes sejam diabolicamente espertos ou as massas sejam infantilmente ignorantes. As liberdades democráticas podem basear-se na igualdade de todos os cidadãos perante a lei; mas só adquirem significado e funcionam organicamente quando os cidadãos pertencem a agremiações ou são representados por elas (Arendt, 1989, p. 362).

As tendências autoritárias florescem devido ao desestímulo, ao desinteresse e até mesmo à renúncia do cidadão comum ao exercício regular do fazer político por meio do incremento da ação de suas organizações representativas, as quais podem dizer respeito aos mais variados aspectos da vida social. Se as instituições públicas não se sentirem sistematicamente convocadas a responder aos apelos de tais organizações, ficam abertas a saqueadores do poder, os quais, então, lhes dão outras destinações.

Na história contemporânea, circunstâncias de profundas crises econômicas, nacionais ou globais, que pareciam sem saída nos termos convencionais de atuação das autoridades constituídas, contribuíram para provocar uma apatia coletiva – cada qual voltando-se aos seus problemas particulares de sobrevivência – e foram fatores determinantes para que as instituições públicas estivessem expostas aos usos e abusos de movimentos autoritários, a ponto de favorecer, em alguns casos, a mudança de regime. Ao fazê-lo, velhas e novas estruturas passaram a inviabilizar a autoexpressão política dissonante, caso o cidadão despertasse tardiamente para o desejo de manifestá-la (Arendt, 1989). Sobre tal processo sombrio, decifrado pelo pensamento arendtiano, Notari (2019) ressalta uma intrigante relação sociopolítica, qual seja: os padrões estabelecidos pela normalidade institucional podem vir a permitir que políticas de desumanização comecem a fluir homeopaticamente, sendo as crises não o início, mas o ápice de sua manifestação. A partir disso, os espaços políticos de reconhecimento de direitos se estreitam celeremente, a possibilidade à palavra livre do cidadão torna-se cerceada e, nesse contexto sombrio de negação de valores democráticos, a ordem jurídica mergulha em firulas, deixando escapar a ideia de ser humano como centro de sua legitimidade. Um caminho para se evitar essa face sombria da normalidade institucional seria a existência de instituições animadas por valores de uma sociedade inclusiva, arejadas por meio das pressões regulares de cidadãos articulados em comunidades políticas orientadas para garantir a voz e a dignidade humana de todos (Notari, 2019), reposicionando a relação dos cidadãos com as instituições públicas num sentido *bottom-up*.

Hodiernamente, diversas nações, incluindo o Brasil, testemunham as *performances* autoritárias de seus governantes, explicitadas no sentido de negação de possibilidades de estabelecimento de uma sociedade inclusiva. Sob tal mando, as estruturas institucionais públicas não mais escondem que seus espaços físicos, quadros humanos e recursos materiais se puseram a serviço de projetos particulares de um pequeno grupo empoderado, numa configuração de poder perversa e anacrônica, posto o desejo desintegrador da cidadania a partir de referentes abusivos e antidemocráticos de um passado recente. Caso o cidadão provocado não reaja e revitalize a comunidade política à qual pertence enquanto há tempo, perdem-se as brechas que porventura ainda existam para restituir a face luminosa das instituições públicas e recalibrá-las por meio de pressões legítimas. Se a reação não se faz ver, as posições infames de mando seguem ferindo as instituições públicas por dentro, humilhando parte de seus quadros técnicos e colocando-os na angustiante situação de testemunhar o ocaso da estrutura que sustentam, levando-os a experimentar uma regularidade insuportável de assédios. É em razão disso que, quando os mandatários com predisposições autoritárias pervertem o uso das instituições públicas, tornando as suas estruturas arcaicas e com pilares quebradiços, o colapso que elas porventura venham a sofrer quase não é pranteado pela coletividade, uma vez que seguiam apartadas.

Como quaisquer outras, as instituições públicas são estruturas passíveis à corrosão e ao desmantelamento devido ao modo como os seus gestores compõem o balanço entre as rotinas tecno-operacionais e os requerimentos da sociedade a que servem. Quanto mais se naturaliza, no interior dessas instituições, a relação simbiótica entre alianças políticas, acomodadas a uma lógica de poder concentrado, e grupos econômicos predatórios, que bloqueiam uma engenharia de prosperidade socialmente compartilhada, mais as suas estruturas propendem a causar um estado generalizado de estagnação social, o qual, por seu turno, não permite que as instituições sigam em pé (Acemoglu; Robinson, 2012). Se governantes prescindem de produzir o substrato adequado para amalgamar a sociedade, através da boa qualidade de suas políticas públicas, e seguem em suas posturas obscurantistas, as discretas rachaduras, circunstancialmente toleráveis, subitamente se tornam fendas consideráveis por onde a lei e a ordem se esvaem, enquanto, no fluxo oposto, a corrupção vai adentrando e encontrando espaço na estrutura estatal para organizar uma cleptocracia (Acemoglu; Robinson, 2012; Chayes, 2015). Aqui, deparamo-nos com a ideia de crise não como circunstância exógena à qual as estruturas institucionais são instadas a responder (como se estivessem, a um só tempo, infensas e preparadas para fazê-lo), mas como resultado de processos endógenos de deterioração institucional que transbordam da máquina pública para sacrificar os cidadãos.

Embora os processos englobantes, anteriormente assinalados, traduzam aspectos das tensões entre governantes e governados envolvidos na conservação ou na renovação institucional, eles não informam sobre o terreno no qual tomam materialidade. E a clarificação sobre o terreno, ao situar os atores e os embates ocorridos, remete à historicidade dos acontecimentos, sem a qual não é possível enxergar *aquilo* que as estruturas efetivamente são e *para qual* finalidade elas se prestam. Um lugar privilegiado de exame sociológico desses aspectos é o da *proximidade* crítica (Sousa Santos, 2003), método pelo qual o cientista social mantém-se perto o suficiente para acessar detalhes dos mecanismos que operam as relações sociais, mas com a mente orientada por recursos teóricos apropriados para poder interpretar criticamente os acontecimentos que se desenrolam à sua frente ou o que os enreda. Essa materialidade e circunscrição espaçotemporal da experiência sociológica de aproximação com a estrutura pulsante, longe de constituir resquícios de uma memória particularizada de interações sociais, contribui para a elucidação da cultura tácita que norteia e dinamiza a instituição pública que se encontra sob inspeção.

Nesse marco, o aspecto testemunhal ou vivencial do cientista social em nada compromete ou desqualifica a análise dos acontecimentos sociais tecidos à sua frente, ou com a sua participação, uma vez que a proximidade crítica possibilita romper o invólucro institucional abstrato, colocando ao alcance da análise macrossocial as escalas miúdas – ainda assim, significativas em seus efeitos – da interação social. Na escala face a face, a lógica estrutural é capturada como cultura performática dos mandatários diante das circunstâncias dadas. Isso, por um lado, apresenta (e ultrapassa) a sua personificação e, por outro, delimita as possibilidades de agência e dos horizontes da cidadania ativa refletidos nas políticas públicas levadas a cabo. Foi pela escala miúda de interações cotidianas com autoridades civis e militares de vários países (Afeganistão, Egito, Tunísia e Nigéria, entre outros), bem como pela conversação corriqueira com cidadãos locais amedrontados, em razão das relações espúrias que eram obrigados a manter com as autoridades governamentais para garantir provimentos mínimos de sobrevivência em contexto de emergência e de dependência de assistência humanitária, que Chayes (2015) desvelou a lógica operativa de corrupção sistêmica que corroía as instituições públicas desses países.

O modo como cada autoridade governamental, civil ou militar, se expressou e agiu perante a autora e também a observação *in loco* das estratégias que essas autoridades utilizavam formalmente, no caráter institucional de suas deliberações referentes ao gerenciamento de crises, vis-à-vis os meios acionados para constranger cidadãos acuados, permitiram à autora estabelecer conexões entre a *corrosão estrutural*, presente nas rotinas administrativas estatais que criavam caminhos para a prática de ilicitudes; a *violência material* e *simbólica* dos atos praticados a varejo por agentes públicos, no contato direto destes com os cidadãos locais; a *distorção do ambiente de negócios* da reconstrução dos referidos países, através da imposição de esquemas de subornos e propinas; e, por fim, o *solapamento da palavra* dos cidadãos.

Quanto a este último aspecto, isto é, o roubo continuado do *ímpeto* de falar dos que ousam confrontar as autoridades e as instituições públicas desencaminhadas, é aquilo que Chayes identificou como sendo o alimento político do autoritarismo e da corrupção, irmãos siameses, e que, antes disso, Arendt (2010) já havia assinalado como sendo relevante instrumento de negação da cidadania, portanto, configurando prática reiterada de violência simbólica. Arendt enfatiza que o ímpeto de falar é o centro da condição humana do sujeito, da potência de construção e participação em uma comunidade política, porque resulta do ímpeto de pensar, ou seja, experimentar o uso de certos referentes para provocar uma reflexão sobre o mundo, ou porque o discurso proferido está em busca de interlocutores para compartilhar significados, que buscam ambientes heterogêneos para testar mutuamente quão convincentes são os seus argumentos para persuadirem uns aos outros sobre os melhores caminhos do pensamento, ou, ainda, porque as vocalizações plurais praticam a curiosidade intelectual sobre as diferenças de expressão, ao mesmo tempo que buscam pontos de intersecção para propor que as instituições se atualizem. Assim, constranger a palavra implica constranger o pensamento, o que, por seu turno, implica restringir o reconhecimento à diferença, o sentido de agência, e, por fim, estagna as instituições no universo estreito dos preceitos anacrônicos dos mandatários, os quais, desse modo, julgam poder utilizá-las como um escudo para escapar das contradições do mundo.

O fio condutor acima, sinteticamente explicitado, será disciplinar e metodologicamente ajustado para considerações sociológicas acerca de um considerável desafio de nossos dias no contexto brasileiro, a saber: o tema de redução de riscos de desastres através de entrechoques de sentidos e de atores com o aparato institucional.

## 5.2 Proteção civil: sem as balizas de uma comunidade política ampliada, não há proteção

No ano de 2012, o Sistema Nacional de Defesa Civil (SINDEC) acrescentou a palavra *proteção* à sua denominação, passando a ser Sistema Nacional de Proteção e Defesa Civil (SINPDEC). Rótulo apenas, tanto porque a concepção sistêmica se manteve frágil na interlocução interinstitucional – sustentada, sobretudo, pelo aspecto de suporte financeiro federal à resposta estadual e municipal a emergências – quanto porque houve relutância em absorver as demandas de arenas mais inclusivas, cujos atores aspiravam a uma política pública mais consistente no tema.

Nas décadas de 2000 e 2010, o nível federal engavetou, sem explicações, os resultados de duas conferências nacionais sobre o assunto, as quais tinham sido precedidas por outras realizadas nas escalas municipais e estaduais por todo o país, deslegitimando-as em bloco como arenas de distribuição de poder. Numa típica condução *top-down*, o nível federal frustrou os diferentes setores da sociedade, os quais ineditamente tomavam o tema da proteção civil como algo que lhes dizia respeito. Ainda que parecesse ambíguo que o topo do sistema tivesse se mostrado aberto para incorporar o termo *proteção civil* em sua identidade institucional, frente ao qual permaneceria refratário, e, ainda, tivesse constituído fóruns de discussão plural, para em seguida desdenhar das recomendações deles resultantes, essa ambiguidade resultava do processo de embates entre diferentes forças sociais e a estrutura institucional.

O contexto socioambiental desses embates foi de sucessivos desastres catastróficos, entre 2005 e 2011, como os relacionados a colapso de barragem no interior paraibano (Valencio, 2009), a grandes secas e inundações na Amazônia brasileira (Venturato; Valencio, 2014) e a inundações e deslizamentos no Vale do Itajaí, na Zona da Mata nordestina e na Região Serrana do Estado do Rio de Janeiro (Valencio; Siena; Marchezini, 2011), os quais expunham a fragilidade técnica e governamental para lidar com a situação. Essa exposição deu-se num ambiente governamental federal aberto ao exercício da consulta popular, o que favoreceu a mobilização de diferentes comunidades para exigir renovação institucional a partir de processos horizontalizados de discussões. *Eram lideranças populares*, que se associavam para fortalecer suas demandas de resposta e recuperação; *grupos científicos*, que constituíram núcleos ou laboratórios de pesquisa no tema; *correntes político-partidárias*, que se articularam para acelerar providências para as suas regiões ou socorro solidário às demais; *associações profissionais*, mobilizadas para o atendimento requerido; ONGs, que passaram a incorporar o tema na sua agenda de lutas; e *voluntariado* espontâneo e organizado emergente, apto para lidar com aspectos do acolhimento na resposta aos desastres, entre outros. Junto a isso, em vista da necessidade de obtenção de recursos externos para auxiliar os grupos sociais afetados, houve uma menor resistência do sistema para o estabelecimento de uma interlocução internacional e multilateral com organizações que adotavam o preceito da proteção civil.

Porém, a despeito das emergências sucessivas, de uma filosofia governativa federal mais aberta a arenas participativas na produção de políticas públicas e da nova gama de atores dispostos a se inserir nesse processo e legitimá-lo, estes esbarraram num sistema fechado em si mesmo, cujos quadros decisórios estavam bem acomodados numa mentalidade militarizada de funcionamento, pouco permeável à ideia de fortalecimento institucional baseado em espaços abertos e polifônicos de discussão. Desse entrechoque resultou uma síntese débil. Algumas concessões, como a de incorporar o termo *proteção civil* e convocar as conferências, serviram para visibilizar o sistema no âmbito da arena de forças na estrutura governamental a que as instituições pertenciam, isto é, conferir-lhe maior visibilidade e importância. Mas logo o sistema encontrou meios para tornar essas concessões apenas retóricas e manteve-se infenso às frustrações geradas aos que participaram do processo e ansiavam pelas mudanças prometidas.

Para ilustrar esse embate com algumas cenas emblemáticas, tomamos o caso da catástrofe na região serrana fluminense, que levou ao paroxismo a necessidade de recomposição do conteúdo do sistema, fundamentando que o tema da proteção civil fosse incorporado sem mais delongas em sua nominação e na sua nova base legal, de rápida elaboração, tramitação e aprovação. Naquele contexto, o SINDEC, transformado num piscar de olhos em SINPDEC, ficou devendo frente ao tamanho das demandas de recuperação dos grupos sociais afetados. Isso também vinha a amortecer as falhas de outros setores da gestão pública, inclusive aqueles que davam abrigo a atores propendentes à prática de ilícitos. Em meio ao caos do terreno, no qual moradores, comerciantes, agricultores e prestadores de serviço tinham que se reinventar enquanto enfrentavam dificuldades de recomposição material e econômica, houve gestores públicos a produzir fluxos alternativos aos recursos emergenciais recebidos, oriundos de fontes oficiais ou provindos de doações, em um amplo espectro de crimes cometidos contra a administração pública. O intenso trabalho de investigação do Ministério Público do Estado do Rio de Janeiro e do Tribunal de Contas do Estado do Rio de Janeiro trouxe à tona várias evidências de tais transgressões que, sem que pudessem ser ignoradas pelo poder legislativo local, levaram à cassação de mandatos de prefeitos municipais da região (Valencio, 2012). Fez-se providencial a menção a um novo paradigma de gestão de desastres, calcado em proteção civil, para suscitar a impressão de que havia uma transformação institucional em curso, o que, contudo, não correspondia aos fatos (Valencio, 2014).

Uma ilustração de que a obtusidade institucional permaneceu, e que observamos *in loco*, é o que se passou quando, em face da referida tragédia, a Presidência da República (gestão Dilma Rousseff) parecia motivada a ampliar a renovação da política pública no tema. Para tanto, constituiu um Grupo de Trabalho Interministerial (GTI), dando protagonismo à Secretaria Especial de Direitos Humanos na articulação das discussões. Ao sermos convidados para acompanhar uma das reuniões, notamos que a referida secretaria supôs ser tecnicamente apropriado manejar a discussão de modo que coubesse à representação da instituição de defesa civil o enquadramento enunciativo do problema. Tal condução comprometeu a efetividade do processo, pois legitimou que o problema continuasse a ser formulado no repertório militarizado anteriormente acomodado, assentado na teoria dos *hazards*, o que redundou num obstáculo intransponível à pretendida renovação da política pública nos marcos de direitos à pessoa humana, a qual exigia outras referências teóricas e valorativas. Sem sintonia com os requerimentos de uma cidadania ativa, o sistema não absorveu os novos termos dos debates travados na ocasião. E, assim, seguiu no mesmo caminho, no qual os desastres aumentam em número de ocorrências e repetição de tragédias. Os esquemas classificatórios baseados na teoria dos *hazards* não permitem a inclusão apropriada dos desafios da condição humana no escopo dos conflitos sociais, políticos ou econômicos e, ainda, propõem respostas simplistas para dramas complexos.

Outra ilustração, no terreno, e relativa a esse mesmo caso, é referente à tensão que famílias sofreram ao lidar com o complexo dilema moradia-família frente a riscos iminentes, o que, na perspectiva do meio técnico, se via como de fácil solução: abandonava-se a moradia e os pertences. Tais parâmetros desprezavam tudo o que o espaço da vida privada, por mais precário que fosse, significava em termos de segurança ontológica do grupo convivente. Em vez de proporem uma escuta ativa dos motivos pelos quais as famílias lutavam pela garantia de seus espaços, técnicos e cientistas aliançados optaram por expô-las nos noticiários da grande mídia, amplificando a ameaça de que, se os pais não saíssem imediatamente de suas moradias interditadas, perderiam a guarda de seus filhos menores.

A relação do ente público e das famílias coagidas, estas já psicologicamente destroçadas pelo contexto de súbitas, irreparáveis e multifacetadas perdas, deteriorou-se ainda mais. Isso ilustra como uma crise aguda pode incrementar interações autoritárias quando a mentalidade de quadros institucionais é delineada para esperar dos sujeitos em desvantagem a docilidade na renúncia à sua dignidade humana. Silenciadas, as famílias não puderam expor como a manutenção da coesão social do núcleo familiar dependia do seu espaço privado (a moradia e os bens duráveis ali instalados), conquistado ao custo de muitos sacrifícios e através de relações econômicas, não raro, aviltantes. Contidas no seu ímpeto de falar, taxativamente culpabilizadas por seu fracasso em obter espaço seguro à sua prole, subsumidas à cultura do medo, essas famílias já eram vítimas de um sistema econômico cruel, o qual, contudo, não estava sendo posto em contestação pelos atores políticos, técnicos e científicos que alcançaram visibilidade midiática (Valencio, 2012). O problema habitacional dos que perderam ou foram expulsos de suas moradias ficou em suspenso por anos a fio em alguns dos municípios alcançados por essa tragédia, como no caso de Teresópolis (RJ), o que ressaltou a condição humana esgarçada das famílias, cujas vidas se mantinham em estado de suspensão.

Em outro caso municipal, o de Nova Friburgo (RJ), enredado na mesma catástrofe, essa condição humana era afrontada por outros mecanismos. Soluções habitacionais foram ali materializadas para famílias desabrigadas/desalojadas, mas, sendo resultantes de processos tecnicistas, não dialógicos, acabavam por gerar novos problemas à vida cotidiana dessas famílias, como a insuficiência do espaço interno para os membros conviventes e a falta de infraestrutura no conjunto habitacional na localidade Terra Nova (Portella; Oliveira, 2017). Passados poucos anos da entrega das unidades habitacionais, a inviabilidade de seu uso nos termos em que haviam sido planejadas era patente; porém, a mentalidade dos atores dominantes já estava ajustada para impedir críticas aos planejadores. Em reunião na Câmara de Vereadores de Nova Friburgo (RJ), da qual participamos, testemunhamos um representante de organização humanitária, um coronel reformado, pedir a palavra para criticar o comportamento de moradores do referido conjunto habitacional. Esses moradores eram entendidos como *desordeiros* que estavam transformando aquela territorialidade numa *bagunça*, numa *favela*, termo empregado pelo coronel como antítese do espaço planejado para a ocupação dócil das famílias locais. Ele concluiu que soluções de segurança pública deveriam ser aventadas para que os moradores se comportassem dentro de relações ordeiras.

Assim, no contexto de desastres, a domesticação do comportamento social por via de soluções de reconstrução impositivas se apresenta como uma nova biopolítica. O qualificativo *natural* leva ao foco teórico os *hazards* – no caso em tela, nos fenômenos de chuvas fortes e de escorregamentos de massa descomunais –, vistos como o centro do problema pelo sistema institucional, secundarizando a sua feição social, na qual o *modus operandi* autoritário de agentes públicos e seus aliados se naturaliza como uma cultura do medo, que maltrata os que demandam atendimento público.

Nos dias atuais, em que os riscos de colapso de barragens estão em evidência no país, são as sirenes e os exercícios simulados de evacuação das comunidades nas áreas sujeitas à inundação que surgem como solução institucional de proteção civil articulada com as empresas responsáveis pelo risco. Tais atores configuram assimetricamente o campo político do problema para impedir discussões sobre a fratura nos sentidos existenciais dos moradores, isto é, a lesão moral, simbólica, psicológica, social e econômica decorrente da transformação do lugar de viver em lugar de risco (Valencio; Valencio, 2020).

A incorporação aparente da noção de proteção civil em nada tem revertido a concepção institucional de que a sua solidez depende de continuar recrutando seus quadros majoritariamente de instituições militares, de reforçar a sua resistência cognitiva ao contraditório, de fechar canais de acesso à vocalização de comunidades e pô-las em marcha obediente para fora de seu mundo, quando o lugar ameaça desaparecer, quando as sirenes tocam. Grandes processos de planejamento respaldam que se crie uma dinâmica institucional própria, de ritmo lento e focada em preciosismos administrativos, perdendo a conexão com os sentidos e as urgências da sociedade (Cardoso; Santos, 2015).

## 5.3 Modos de enunciação do problema: as armadilhas das classificações de desastres

O desencontro institucional com os desafios sociais contemporâneos, no contexto brasileiro, também pode ser ilustrado pela alteração no sistema classificatório dos desastres que, no ano de 2012, passou do CODAR (Codificação de Desastres, Ameaças e Riscos) para o COBRADE (Classificação e Codificação Brasileira de Desastres) e restringiu a gama de fenômenos aludidos.

Enquanto o CODAR se referia a desastres relacionados a eventos naturais, o COBRADE passou a confundir *evento* com *desastre*. Por exemplo, o CODAR aludia a desastres naturais (1º nível) *relacionados com* a geodinâmica terrestre externa (2º nível) e *relacionados com* o incremento das precipitações hídricas e inundações (3º nível). Salienta-se aqui a expressão "relacionados a": distingue-se o *fator de ameaça* dos *acontecimentos sociais propriamente trágicos*, que são os desastres em si, distinção que o COBRADE olvidou. Isso foi um retrocesso na cultura do sistema, sobretudo em vista do nível multilateral econômico que caminhava no sentido de discernir entre uma coisa e outra, isto é, *evento* e *desastre*.

No ano de 2010, uma publicação do Banco Mundial, dedicada aos aspectos econômicos da prevenção a desastres, foi intitulada "Natural hazards, unnatural disasters", que relacionou e também distinguiu tais aspectos (The World Bank; The United Nations, 2010). Além de estar na contramão do Banco Mundial, o COBRADE tornou-se um sistema de classificação que obnubilou os desastres que, no âmbito do CODAR, estavam relacionados com convulsões sociais. Sumiram do novo sistema de classificação os desastres relacionados ao *desemprego ou subemprego generalizado*, ao *tráfico de drogas intenso e generalizado*, ao *incremento dos índices de criminalidade geral e dos assaltos*, ao *banditismo e crime organizado*, ao *colapso do sistema penitenciário* e às *perseguições e conflitos ideológicos, religiosos e/ou raciais*, para nos determos apenas em alguns exemplos atualíssimos em face às crises que ora atravessamos no país. Sem constarem na classificação adotada no âmbito do referido sistema, sinalizou-se que esses exemplos deixaram de ser problemas transversais à competência do sistema – eis um aspecto da dissolução de vínculos entre aquilo que a instituição entende como sendo a sua missão e as demandas exasperadas da sociedade brasileira. A menção que ora fazemos a essas supressões classificatórias é também para destacar o quanto isso foi deletério ao próprio sistema, uma vez que este adestrou os quadros institucionais para agir dentro de um raciocínio linear, baseado em limitadas e excludentes possibilidades de caracterização dos acontecimentos nos subgrupos de desastres *naturais* ou *tecnológicos* e, desde aí, enquadrar a sua narrativa documental simplificada sobre os acontecimentos e suas formas de intervenção.

Não é de estranhar o profundo nível de estresse psicológico pelo qual passam os técnicos do sistema quando se dão conta de que a realidade que precisam enfrentar é mais robusta do que a que os instrumentos administrativos, gerenciais ou operacionais permitem expressar. Sistemas de classificações são a base para enxergar os fenômenos e atuar frente a eles; portanto, aos simplificá-los, a visão de mundo se estreita e a prática técnica não alcança mais a realidade. Muitos são os agentes de defesa civil que se sentem violentados em sua autoestima profissional porque o sistema não se renova, e isso os enfraquece perante a sociedade, a começar por aqueles cujas condições de vida e trabalho se igualam às do público mais vulnerável ao qual atendem, estando no rol das primeiras vítimas de uma visão institucional obtusa. Por exemplo, há os que precisam lidar com a resposta a famílias em moradias inundadas, quando a sua própria família e casa estão sob águas contaminadas e perdem os bens materiais duramente conquistados. Deixar para trás o seu próprio drama pessoal para atender ao alheio é uma experiência humana intensa que, no entanto, não encontra espaço institucional para ser explorada positivamente, com o reconhecimento de dramas comuns que podem servir para construir outro patamar de interação social e classificatório para estratégias mais arejadas de redução de riscos de desastres.

## 5.4 Experiências de proximidade crítica

Na década de 2000, a mais alta autoridade institucional de defesa civil se encontrava em final de gestão; por haver um ministro recém-empossado, colocou o seu cargo à disposição. Pouco antes, ao nos receber, essa autoridade contou-nos que recepcionou prefeitos municipais que, em comitiva, lhe trouxeram amostras de produtos regionais, pedindo apoio federal para o reconhecimento de seus respectivos decretos de emergência, para que então obtivessem os recursos extraordinários necessários para o restabelecimento das atividades econômicas locais que aqueles produtos representavam.

Aquela visita se deu num contexto de conflitos ideológicos e político-partidários abertos entre a União e a Unidade Federativa (UF) de onde eles provinham, o que colocou os prefeitos diante de *alternativas infernais* (Mello; Lisboa, 2013), a saber, relativas à *fidelidade* ou à *sublevação* frente ao governado estadual, que orientava os prefeitos a tratarem como problemas internos da UF qualquer demanda que tivessem e a evitarem ultrapassar a ponte de sua autoridade. Acontece que as enunciações em torno do desenvolvimento econômico não comportam essas demandas, que são tidas pelos empresários como firulas políticas. Como explica Lisboa (2014, p. 73), as enunciações em torno do crescimento econômico, da competitividade e do desenvolvimento "continuarão sendo nomes dados ao Santo Graal", de tal modo que respaldam, e servem como pressão, para que prefeitos ultrapassem essas lealdades.

O ministro contou-nos ainda, em reunião anterior, que uma experiência profissional marcante fez com que ele reorientasse o seu modo de gestão na instituição militar de onde provinha. Ao final de sua carreira na ativa, num posto de comando, experimentou um significativo fracasso numa operação de resgate de pessoas em um acidente. Os corpos das vítimas foram colocados pela comunidade em frente à sua retardatária equipe, sendo as vítimas crianças, ainda por cima. Isso foi um confronto necessário à razão institucional, o qual indicou que não adiantava aos aparatos do Estado chegarem durante a tragédia em curso; eles tinham que chegar a tempo de evitá-la ou, minimamente, a tempo de evitar os seus piores efeitos. As mortes daqueles inocentes eram indícios irrefutáveis do fracasso institucional, decorrente de condições operacionais não condizentes que haviam sido toleradas pela corporação por anos a fio, a saber, equipamentos sucateados, pneus de viaturas em estado de miséria. Aquele acontecimento significou para o ministro e sua equipe uma experiência referencial acerca de sua função pública, que clamava por reflexividade, e tornou-se parâmetro para que o ministro exigisse rápido melhoramento das condições de trabalho de sua equipe naquela instituição.

Giddens (1997) considera a reflexividade não uma atitude acionada de fora para dentro, onde o outro enumera os seus erros e defeitos e aciona mudanças, e sim uma atitude orientada de dentro para fora, uma disposição para a autoconfrontação, a qual permite que as condições de encontro – de um sujeito com o outro, de gestores de instituições públicas com membros da sociedade onde se inserem – sejam favoráveis a um ajuste necessário. As circunstâncias mobilizam a capacidade latente das instituições de se reposicionarem diante da sociedade e vice-versa, não apenas em um sentido defensivo, que petrifica a instituição e aliena a sociedade, como vimos anteriormente, mas também em um sentido convergente, como o exposto.

Ao ser trazido para o sistema de defesa civil, o empenho dialógico do ministro, embora aparentemente genuíno – fruto não apenas de sua história profissional pregressa, mas também de sua história pessoal –, foi solapado por membros de sua própria equipe, que sabotavam os resultados dos processos de escuta social que o gestor demandava. Eles faziam isso para manter a visão de funcionamento da máquina à qual estavam habituados, com estreita interlocução com autoridades de sua instituição de origem, abrindo espaço para relações clientelistas e podendo, assim, alcançar melhores posições na sua carreira; esse cenário compunha uma espécie de racismo cultural (Souza, 2019). Ou seja, manteve-se o ambiente de inculcação de concepções enviesadas sobre a natureza social do problema a ser enfrentado, de restrição do conjunto de atores entendidos como qualificados para propor soluções, de utilização das vozes subalternas para revitimizá-los à sombra protetora do Estado, e de compreensão das periferias urbanas apenas como *áreas de risco*, advertindo que estas estavam sujeitas a ser desmanchadas a qualquer momento (Cardoso, 2006), para que não ousassem se reinventar a partir de um modo próprio de reciprocidades comunitárias que lhes permitissem seguir em frente, a despeito do descaso das autoridades (Kowarick, 2009). Mantiveram-se os cruéis jogos de linguagem, nos quais os pobres eram um refugo humano irredimível e o debate científico se restringia aos *hazards*.

No final da década de 2010, numa mesa-redonda com uma alta autoridade do sistema, tentamos persuadi-la sobre a importância do exercício de reflexividade institucional; sobre o papel mais atuante que o sistema deveria ter nas arenas de planejamento econômico-social, uma vez que herdaria as consequências de uma crise de caráter global; e sobre uma articulação virtuosa com a ciência, nas suas várias disciplinas e orientações teórico-metodológicas, que disporia de caminhos analíticos próprios para apontar cenários de riscos de desastres, ou seja, processos que ainda não eram nítidos, mas que poderiam vir a se materializar e ante os quais as autoridades deveriam planejar as suas medidas preparativas. Usamos a metáfora de que a ciência iluminava caminhos ainda não desbravados e que "pegar na mão da Ciência" seria algo sensato a se fazer; concluímos dizendo que, a nosso ver, o sistema não estava preparado para as catástrofes que viriam. Em resposta, a autoridade debochou da pretensa potência científica, da visão julgada como catastrofista e arrogante, brandindo que a pasta estava preparada para o pior dos cenários. Além disso, o gestor repeliu a possibilidade de que a ciência pudesse jogar luzes sobre o ainda não sabido e demandou que os cientistas apenas se ajustassem às demandas técnicas conforme o ritmo e a visão já instaurados nos gabinetes institucionais. Uma pesquisadora representante de um grupo de cientistas articulados a essa autoridade prontamente respondeu, na mesa-redonda, que o grupo se comprometeria a atendê-lo nos termos solicitados.

Passados alguns meses, surgiu um edital público para que um amplo diagnóstico do sistema fosse feito e novos conteúdos de capacitação fossem ofertados. Nos termos do edital, o sistema parecia disposto a deflagrar um exercício de reflexividade, o que era um avanço. Todavia, o edital enfatizava que era necessário apresentar disposição colaborativa, palavra-passe para dizer que o importante era não divergir da visão institucional, o que era um retrocesso, pois se prescindia do conflito de ideias, que é um valor tanto científico quanto democrático, e sinalizava que o progresso só seria possível linearmente, sem o estabelecimento de exercícios de contradições. Um dos requisitos para qualificar os candidatos, que seriam examinados por uma comissão julgadora, eram a certificação e a trajetória do grupo de pesquisa constantes no Diretório de Grupos de Pesquisa do CNPq, requerimento não usual nos editais da pasta, mas que nos parecia ser um avanço, pois indicava que os avaliadores teriam condições objetivas para analisar as trajetórias mais longas e sólidas dos candidatos no assunto. Então, fomos surpreendidos por um retrocesso, ao constatar que o nosso grupo de pesquisa, certificado desde 1995, havia desaparecido da base do referido diretório de grupos de pesquisa, apesar de termos sido um dos pioneiros no assunto no país, o primeiro na área de ciências sociais. Se foi mera coincidência, não se sabe; porém, indubitavelmente, foi um gesto de força bruta, pois as informações do grupo (denominado "Sociedade e Recursos Hídricos", com uma linha de pesquisa em desastres) foram deletadas por completo dessa base, retiradas uma a uma de todos os censos dos quais a equipe participou, do primeiro ao último (2002 a 2016), para deixar patente ao público, em qualquer consulta virtual, que jamais tinham existido. Foi uma forma autoritária de produzir a sua morte social, que convenientemente serviu para recompor o sentido do jogo entre os grupos de pesquisa, aumentando artificiosamente o capital simbólico de outros em razão do desaparecimento do nosso grupo nessa arena, na qual a possibilidade de remoldar o SINPDEC estava em causa. Apesar de termos chamado a atenção da ouvidoria do CNPq e dos responsáveis pelo edital para as distorções que a chamada, naqueles termos, poderia estar criando, uma vez que outros potenciais grupos científicos candidatos poderiam eventualmente estar sofrendo o mesmo tipo de invisibilidade social, nenhuma medida foi tomada. E, por meio desse processo, no qual cada avanço é seguido de um retrocesso, as instituições públicas estagnam, acorrentadas em alianças servis e no pensamento linear, desmantelando-se por força das ações e visões obscuras de seus mandatários, patentemente incompatíveis com a complexidade dos desafios do mundo concreto no qual as crises se atropelam, ganham escala e mudam de forma a cada dia, o que nos lança num abismo de incertezas.

## 5.5 Ciência, ética e reflexividade

Tanto riscos quanto desastres são conceitos em disputa, conforme já discorremos em outras oportunidades. Há diferentes modos de apropriação e definição desses conceitos nas variadas vertentes disciplinares e teóricas e nas narrativas de diferentes setores da sociedade, incluindo o meio técnico-governamental e as arenas deliberativas de políticas públicas em distintos setores de atuação. Tais disputas não têm sido travadas prioritariamente no ambiente acadêmico-científico, como recomendável no embate entre pares, mas sim na precedência de constituição de uma relação de grupos científicos com as instituições do SINPDEC, isto é, na corrida científica aos campos de poder de mando no sentido do jogo, a fim de se obter precedência em influir na narrativa oficial adotada e na materialização das ações que essa narrativa respalda. Na corrida pelos ouvidos e interesse de tais autoridades, muito frequentemente as colorações disciplinares se perdem, e, para sustentar o peso que anseiam ter nas orientações de políticas públicas, os cientistas sedentos em influenciar as instituições regidas por vieses autoritários calibram os seus argumentos não com o rigor requerido em sua área, mas com doses crescentes de senso comum

Essa estratégia, até aqui, tem sido bem-sucedida. Mas cobra um preço altíssimo, pago pela sociedade. Faz supor ao interlocutor que o capital intelectual que escora as medidas estruturais é mais consolidado do que de fato é. O êxito dessa estratégia aparece na forma como poucos grupos acadêmicos ganharam rápido espaço e prestígio nas esferas governamentais, eliminaram do espaço de debates as contravozes científicas e concentraram recursos financeiros na cena de formulação de políticas públicas nesse tema, em detrimento do avanço propriamente científico de suas contribuições para propiciar a efetiva redução de riscos de desastres, os quais só aumentaram em quantidade, extensão e intensidade. Essa estratégia, embora eficaz, é uma deslealdade no campo, isto é, desbalanceia o jogo de forças internas entre as distintas áreas de conhecimento na busca de verdades válidas para a sociedade que se defronta com intricadas crises. Os grupos científicos predispostos a essa prática antiética defendem ferozmente a sua própria posição no campo e são ciosos quanto ao poder de sua própria disciplina e instituição para alçarem uma posição privilegiada de influência, que passa a independer do seu saber sobre a complexidade do assunto a ser tratado. Por exemplo, dificilmente serão vistos cientistas sociais se aventurando a explicar fenômenos meteorológicos ou climáticos; no máximo, serão vistos estudos relativos a como os repertórios culturais de determinados grupos sociais constroem sentidos em torno de tais fenômenos da natureza (Taddei, 2017). No entanto, usualmente meteorologistas ou climatologistas extrapolam suas competências, ganhando visibilidade em explicações e recomendações de senso comum sobre processos sociais, planejamento urbano e temas afins. Além da dimensão ética propriamente dita nesse tipo de comportamento científico predatório, reforçado pelos meios de comunicação de massa (Frewer, 2003; Valencio; Valencio, 2018; Amaral, 2019), esse recurso de voz inapropriado exime tais atores científicos de terem que se explicar caso suas análises estejam equivocadas, cuja responsabilização o gestor público terá que assumir sozinho. Aqui retomamos o tema da reflexividade como a capacidade crítica que devem ter não apenas os cientistas, mas também, sobretudo, o gestor público quando à frente de temas sensíveis que envolvem o limiar entre a vida e a morte de cidadãos a quem serve.

Para não dizer que esse é um problema exclusivamente brasileiro, cabe ilustração referida a outros contextos nacionais, como no Reino Unido, onde Giddens ancorou tal conceito. Desde antes de assumir o cargo de primeiro-ministro britânico, no ano de 2019, o membro do partido conservador Boris Johnson sistematicamente orientou os seus argumentos na direção de uma política de migração mais restritiva para o Reino Unido e, diante do contexto nacional de início da pandemia da COVID-19 em 2020, minimizou os efeitos do coronavírus Sars-CoV-2 à saúde humana local, assim como ao serviço nacional de saúde, o NHS. A estratégia de imunização de rebanho foi a que o primeiro-ministro indicou como a mais recomendável. Porém, quando Johnson foi contaminado pelo vírus, a doença se desenvolveu a ponto de levá-lo a um quadro grave de saúde. Encaminhado aos serviços públicos do NHS, ele chegou a uma situação crítica que o conduziu a uma passagem pela UTI, lugar onde foi confrontado com os limites tênues entre a vida e a morte, sobretudo frente a uma doença cuja evolução ainda estava sendo conhecida pela ciência. Na UTI, foi cuidado por uma equipe de saúde constituída, em parte, por imigrantes. Uma vez posto a salvo, Johnson veio a público reconhecer a gravidade da doença e o papel que os imigrantes tiveram em salvar-lhe a vida, e orientar a sociedade local para a adoção de um comportamento mais precavido do que aquele que inadvertidamente ele tivera antes de ser vitimado (BBC, 2020).

Em que nível esse exercício de reflexividade influenciará as políticas de saúde e de migração daquele país, não se sabe ao certo. O que se sabe é que, desde então, há essa nova carta no jogo político britânico, a qual poderá ser colocada na mesa quando as discussões sobre ambos os assuntos, de reforço ao NHS e inclusão dos imigrantes na cena econômica local, voltarem à tona. Embora esse exercício de reflexividade tenha sido oportuno, o que reitera a necessidade de gestores em instituições modernas manterem a disposição para ajustes, por vezes o *timing* é perdido.

Anos atrás, o próprio sociólogo A. Giddens foi assessor científico de outro primeiro-ministro britânico e membro do partido trabalhista, Tony Blair, que havia enfrentado pressões do governo americano para respaldar a invasão no Iraque. Blair fora convencido pelos argumentos de G. Bush de que o líder daquela nação do Oriente Médio detinha um arsenal de armas químicas que incrementava os riscos de que, eventualmente, esse arsenal pudesse ser utilizado para cometer ataques terroristas pelo mundo. Mais tarde, soube-se que tal arsenal inexistia, e que a alegação do ex-presidente norte-americano havia custado a vida de milhares de civis iraquianos, além de ter destruído os meios materiais e as condições econômicas de sobrevivência e instabilizado a dinâmica da vida cotidiana dos sobreviventes, instilando mais ódio nos grupos radicais contra o Ocidente. Assim, aumentaram-se os riscos globais que as operações militares no terreno julgavam combater. Com considerável atraso, anos mais tarde e já fora do poder, devido a pressões políticas que sofreu, Tony Blair veio a público expressar seu arrependimento por aquela decisão. Suas declarações não foram convincentes o suficiente como ato de reflexividade – ele parecia, salvo engano, estar apenas livrando a própria pele – nem ocorreram numa temporalidade capaz de reverter os males feitos aos inocentes daquela nação. Entretanto, seu gesto suscitou maiores precauções públicas dos governos posteriores do Reino Unido quanto a adesões futuras a ações militares colaborativas com outros governos para missões intervencionistas similares (The Guardian, 2016).

Os exemplos citados servem para apontarmos cinco diferentes dinâmicas de reflexividade, quais sejam:

1. *Resistência à reflexividade*, quando o caráter conservador dos atores frente aos efeitos de suas ações persiste, e eles relutam em admitir mudanças na orientação institucional, devido ao valor atribuído à constância de sua lógica de operação, ainda que haja evidências de que o contexto social se alterou e que exige reação a contento.
2. *Reflexividade tempestiva*, na qual o curso dos acontecimentos revela inesperadas configurações e os atores institucionais se dão conta de que suas visões e ações devam mudar em velocidade semelhante, embora estejam incertos quanto aos efeitos de longa duração de tais mudanças.
3. *Reflexividade inconvincente*, na qual o reposicionamento dos atores é apenas retórico, para mitigar certas pressões circunstanciais, sem intenção de mudar substancialmente o rumo de suas ações.
4. *Reflexividade tardia*, quando as circunstâncias passadas não podem ser revertidas, porém podem ser trazidas à luz para suscitar discussões sobre parâmetros renovados a serem aplicados em circunstâncias similares futuras.
5. *Reflexividade às avessas*, isto é, um movimento reacionário, quando as circunstâncias apontam para a razoabilidade de uma direção para a ação coletiva, mas se utiliza de uma posição de poder para apontar na direção contrária, a fim de alimentar seu capital político através de controvérsias que possam tornar a ordem democrática caótica. Colocam-se deliberadamente as coisas fora do lugar para tornar os mecanismos institucionais disfuncionais e, assim, estabelecer condições para anunciar a necessidade de uma nova ordem.

## 5.6 O QUE O PANORAMA CONTEMPORÂNEO REVELA SOBRE RISCOS DE DESASTRES

As considerações anteriores servem para anteparar a compreensão dos riscos de desastres não como algo externo à sociedade, mas decorrente de seu modo próprio de funcionamento, aí colocado o componente político-institucional e físico-material, conforme ponderou Douglas (1992), reiterado por Beck (1999). É fato que a realidade concreta, a da vida vivida no terreno, pode mostrar formas nuançadas de compreensão dos riscos e que contradizem as grandes teorias (Lindell; Perry, 2004; Mythen; Walklate, 2006). No entanto, quando os cientistas sociais mantiveram-se preocupados em identificar os processos estruturantes (as novas instituições, os seus sistemas de valores e de crenças, suas regras de organização e funcionamento) e dinâmicos da sociedade (a vida cotidiana, os novos modos de expressão cultural e de interação social, o surgimento de novas identidades e os novos movimentos sociais para políticas participativas), seu auxílio à compreensão dos riscos de desastres persistiu valioso, dado que eles auxiliaram no entendimento das bases de decisões institucionais e dos cursos esperados ou em sobressaltos do meio social. Ao nível abstrato da Teoria Social, tem sido preciso adicionar colorações empíricas aos casos, a fim de estabelecer junções pertinentes com as grandes interpretações e, ainda, como assinala Beck (1999), compreender como os riscos vêm emergindo em cascata. Assim, busca-se entender os fenômenos que surgem não apenas como falhas pontuais dos sistemas de controle das instituições modernas que buscam mitigá-los, mas também como derivados de um fio condutor: a crença de seus operadores de que seus sistemas funcionam, tentativa vã que eles têm de preservar o ordenamento no qual atuam e de evitar crises estruturais que, pelo contrário, acabam se explicitando.

Segundo Boin, Ekengren e Rhinard (2013), a noção de crise implica a associação de três fatores, a saber: a *manifestação de um evento ameaçante*, seja ele oriundo de dinâmicas do meio natural ou do meio social e em relação ao qual o nível de exposição e o grau de vulnerabilidade sejam consideráveis; a *urgência em agir para contê-lo*, caso tal evento se revele um perigo iminente para um dado espaço social; e, por fim, *tomar providências num ambiente de grande incerteza*, isto é, responder à situação, mesmo sem saber ao certo o alcance do problema, ajustando paulatinamente o seu curso de ação.

Ocorre que a modernidade, de um lado, é caracterizada como um projeto civilizacional que se apresenta como uma sucessão de crises e, de outro, mostra-se como um conjunto relativamente orgânico e sofisticado de instituições que confiam ter um controle ímpar das forças da natureza e seguem alterando as bases físicas e ambientais, o que produz um quadro dramático de assimetrias nas relações sociais. Assim, os modos de controle adotados geram, por si só, inúmeras ameaças e situações de crise. A urgência em agir, quando deflagrada, não raro é desorientada, conduzida por parâmetros pouco nítidos. As incertezas impedem a autogratificação de pensar que se agiu com correção, e a desarticulação ou antagonismos entre racionalidades organizacionais se explicitam.

Como se viu no caso do espraiamento do coronavírus Sars-CoV-2, as fronteiras político-administrativas, em diferentes escalas, mostram-se relativamente ilusórias, atravessadas por fluxos humanos e virais que acessaram outros caminhos que não apenas os formalmente bloqueados – bloqueios, aliás, diacrônicos em relação à movimentação das pessoas ao redor do globo. Os muitos trabalhadores, cujas atividades laborais apresentavam consideráveis riscos de contágio pelo referido coronavírus, seguiram em frente motivados pela amplificação de sentido cultural de que estavam agindo como heróis, em um apelo imagético para dar-lhes o encorajamento devido para arriscarem cotidianamente as suas vidas na fronteira constante com os riscos de morte. Heróis, contudo, que, ao assumir tal papel extra-humano, obnubilaram as políticas institucionais descompromissadas com a segurança à sua saúde. Heróis que necessitaram de vítimas indefesas como par de opostos, inadvertidamente dando aos cidadãos enfermos um papel subalterno, como se os últimos não tivessem algo a dizer às instituições públicas que os puseram em situação de risco através de serviços de saúde colapsados, de serviços de transporte público que os expuseram a aglomerações indesejáveis, de medidas assistenciais que os conduziram a filas morosas diante de agências bancárias em busca do parco recurso emergencial que lhes foi ofertado. Quanto mais heróis eram necessários, do médico ao coletor de lixo, da enfermeira ao coveiro, mais indefesos ficavam os cidadãos. Números de mortes já não eram tomados pelo que significavam no âmbito de suas relações, isto é, o desaparecimento do multiverso que cada indivíduo falecido representa (Morin, 2008). Numa espiral entrópica, a perda de confiança coletiva nas instituições públicas, que estão embotadas, aumenta à medida que a crise se prolonga e apresenta novos matizes. Sem haver convocação para uma nova pactuação social e sem colaborar para que o cidadão visualize caminhos claros de saída, a crise se torna cada vez mais pronunciada.

 Futuros auspiciosos têm sido projetados para a sociedade em peças publicitárias. Todavia, são sempre futuros em reelaboração, em revisão, incertos, porque a atomização e os entrechoques das forças sociais constituintes e assimétricas nos jogos de poder e de mercado são incapazes de pleno controle sobre o "Frankenstein" que produzem, cada um pondo e tirando pedaços, apenas parcialmente concatenados, de algo que ganha vida própria para além dos planos de atuação elaborados por seus senhores. É a poluição atmosférica e hídrica, que sabemos ser resultantes de processos industriais, mas que rompem a fronteira da planta onde foram geradas e se tornam problemas difusos de saúde pública. É o próprio corpo humano, convertido em objeto dócil e fragmentado ao mercado das cirurgias estéticas, da moda, de alimentos ultraprocessados, de múltiplos Eus que não são autorreferenciados, e em artefato fácil para riscos à saúde, o que suscita deformações do corpo e da autoimagem, desorientações da subjetividade e do sentido da vida. Conviver com os riscos nascidos da própria modernidade nos leva a reforçar a mesma ordem social imprudente que os gera. As empresas de segurança nos protegem a partir do reforço do medo coletivo, de todos em relação a todos; a poluição atmosférica e o medo de doenças respiratórias aquecem o mercado de máscaras, de equipamentos e de medicamentos para o auxílio da atividade respiratória; as empresas farmacêuticas veem suas ações serem valorizadas a níveis vertiginosos. Esse cenário decorre das coisas e funções que estão fora do lugar e, portanto, criam futuros assustadores para a sobrevivência humana, movediços cenários que carregam consigo a marca da escassez. São riscos que parecem pontuais, mas que produzem associações inesperadas que acionam catástrofes.

Veem-se, ainda, riscos nascidos das políticas de segurança e de alianças problemáticas que as reforçam. Colapsos de barragens de rejeitos de minério ocorreram anteparados em laudos técnicos de segurança emitidos sem a devida acurácia, devido ao tipo de aliança estabelecida entre os empresários e o meio político (Milanez; Magno; Pinto, 2019), acidentes nucleares decorreram do modo empresarial de se produzir a cultura de segurança (Douglas; Wildavsky, 1982) e de estratégias mal calculadas de contenção de ameaças naturais à planta industrial (Cyranoski, 2011), acidentes químicos foram deflagrados pelo misto de preocupações precaucionárias com os materiais e morosidade judicial para dar-lhes um destino adequado (Vasilyeva, 2020), e assim por diante. O entrelaçamento de diferentes tipos de riscos, característicos desse estágio civilizatório, revela que o "Frankenstein", além de fora de controle de seu mestre, está ensandecido, o que desnuda o desamparo radical a que fomos jogados em meio às promessas de uma ordem social idílica (Menezes, 2005). Em contraponto à racionalidade linear que sistemas de proteção e defesa civil costumam adotar, com protocolos orientados para o manejo de emergências caracterizadas pelo desenrolar de um *hazard* em específico, a realidade contemporânea nos apresenta o entremear de crises de diferentes naturezas. Uma crise econômica desencadeia uma crise política, e esta se enovela com uma pandemia, a qual agrava a crise econômica e política, como no caso do Brasil (Valencio; Valencio, 2020).

Desastres são a concretização dos riscos, previstos ou não; são a manifestação objetiva daquilo que já era disfuncional, mas que seguia oculto por sua naturalização na cena social, fruto da adesão impensada a um modelo de desenvolvimento assentado na obstrução gradativa da criticidade coletiva ao conteúdo das relações e instituições que moldam um espaço intrinsecamente supressor de alteridade. Embora sejam descritos como uma crise geográfica e temporalmente delimitada, os desastres deveriam ser vistos também de um modo mais alargado, como um fenômeno social de caráter disruptivo da estrutura ou sistema social (Quarantelli, 1998, 2005), e, ainda, como oportunidade para a inquirição da inconsequência da aventura humana. Nessa chave, torna-se ingênuo supor que as figurações de controle por monitoramentos e alertas tenham alguma eficácia. Os desastres catastróficos tendem a ser silentes, numa disrupção que não alcança reconhecimento e providências tempestivas. Quando deles nos apercebemos, já estamos por um fio. E, sobre esse fio estreito, a não ser por raras exceções, sequer podemos nutrir a esperança de que os sujeitos no poder se disponham a uma autoconfrontação, de que lhes possamos dirigir indagações que incitem a sua reflexividade, por mais tardia que seja. Sem pilares para nos equilibrar, a nossa segurança ontológica se esvai.

## 5.7 Conclusões

Como vimos, crises sociais são circunstâncias nas quais a qualidade das relações entre as instituições públicas e os cidadãos se torna o centro das atenções. Tanto a possibilidade de agência, para influir nas orientações institucionais, quanto a sintonia das estruturas com os desafios do terreno, legitimando a comunidade política ampliada dos cidadãos e dialogando com ela, tornam-se requerimentos necessários para evitar ou amenizar as crises. Daí decorre que, em contextos nos quais o espírito da ação institucional pública repousa na desqualificação sistemática dos cidadãos, bem como na de suas pautas e arenas das quais estes participam, costumam prosperar tessituras entre crises crônicas e agudas de diferentes naturezas, cujos modos descoordenados de gerenciamento desembocam no solapamento da condição humana.

No contexto brasileiro, dada a persistência da orientação institucional em manter a invisibilidade do campo de embates entre as diferentes noções de riscos e de desastre, o que é lesivo ao interesse público, há um empobrecimento do quadro de referências interpretativas que o meio técnico tem ao seu dispor para refletir sobre as conexões entre tais crises e os meios apropriados para lidar com elas. Uma vez que no terreno concreto, o do plano da vida vivida, tais crises transbordam desses quadros de referência institucionalmente adotados, as estruturas de poder vão perdendo a sua credibilidade pública, isto é, tornam-se inconvincentes ao olhar do homem comum. À medida que se desenrolam em processos de fusão e de incremento, essas crises tornam-se progressivamente imanejáveis. Assim, o sistema institucional que simplifica o repertório de significados sobre as crises prepara uma armadilha para si mesmo, pois não apenas expõe a sua incapacidade em ajustar-se aos desafios que o afrontam, mas também suscita indagações gradualmente mais ruidosas sobre qual o seu verdadeiro papel na origem e perpetuação do problema. De nada adianta lutar contra as pressões para que o sistema se coloque em exercício, ainda que tardio, de reflexividade. Pior ainda é contornar essas pressões com jogos perversos, tais como produzir narrativas que coagem o homem comum a aceitar sobre os seus ombros o peso de juízos depreciativos acerca de sua incapacidade de obter meios próprios de proteção, urdidura ideológica desumanizadora que se naturalizou no país. Também essa perversidade vai encontrando os seus limites e se mostrando inócua, porque os argumentos institucionais socialmente estigmatizantes desgastam-se.

Se no Brasil, e especificamente no tema de proteção e defesa civil, as instituições públicas e os cidadãos seguiram desconectados em relação aos anseios mútuos que nutrem – o que expõe, por um lado, a impossibilidade de conciliação de visões assistencialistas e autoritárias e, por outro, o desiderato de garantia à dignidade humana dos grupos sociais vulnerados que se avolumam –, qualquer reconciliação que se pretenda durável passa pelo estabelecimento de espaços plurais de delineamento de políticas públicas no tema, o que de imediato ultrapassa a estrutura setorial atualmente adotada. Desafortunadamente, os sinais de uma intersecção virtuosa inexistem; em seu lugar, há maus presságios, indícios de que os desencontros entre as instituições públicas e os cidadãos vulnerados podem se agravar antes do ponto de virada. Chama-se ponto de virada porque, dialeticamente, sinais desalentadores apontam para a história sem fim que somos capazes de moldar (Santos, 1996), ou seja, iluminam o caminho de fortalecimento de campos de lutas para que novas estruturas e dinâmicas institucionais se viabilizem.

A produção social do refugo humano, dos seres humanos descartáveis, é resultado de uma ordem social em que convergem uma cultura de massa, individualista e consumista, e uma cultura institucional pública mergulhada numa ilusão de importância, devido aos seus incontáveis afazeres burocráticos e rotinas administrativas de tempo lento, segundo Bauman (2005). O autor arremata lembrando que, segundo o *Oxford English Dictionary*, ordem é "a condição em que tudo se encontra em seu espaço adequado e executa funções apropriadas" (Bauman, 2005, p. 42), sendo o caos o seu contraponto necessário, quando metaforicamente as coisas e funções estão fora do lugar. Tal consideração nos leva a refletir que a noção de ordem do sistema multinível de proteção e defesa civil do Brasil tem enxergado como caos o modo próprio de funcionamento da sociedade civil, o que é confirmado através do reiterado desencontro entre o repertório interpretativo de técnicos que atendem às emergências e o cenário explicitado pela narrativa própria e experiência de sofrimento social das vítimas. Pequenas mudanças nas condições materiais da vida concreta provocam grandes e inesperadas perturbações no jogo social. Por vezes, almeja-se domesticar as vítimas para que seja justificado o uso dos repertórios técnicos. Esse serviço é realizado por um sem-número de cursos de capacitação que adestram as consciências comunitárias para que criem provas contra si mesmas e renunciem à sua potência reivindicativa em prol da confirmação do binômio assistencialista-autoritário de uma ordem linear e hierárquica, de mando e obediência.

Quando, em contraponto, os grupos sociais desatendidos consideram como caos o nível de alienação das estruturas estatais frente aos seus clamores insistentes – porque as instituições públicas parecem rumar para qualquer lugar, menos para o ponto ao qual se espera que elas sigam –, eles são olvidados ou recebem respostas-padrão que significam indiferença. São sempre os cidadãos que precisam ser conscientizados, fazer um *mea culpa*, porque não se comportam em conformidade com as concepções limitadas de ordem. Nunca são os governantes e técnicos que precisam refletir sobre como as coisas funcionam de modo complexo na vida prática e reconhecer quais ajustes de desenho e de dinâmica institucional são necessários para o enfrentamento das vicissitudes apresentadas no terreno. As desigualdades sociais são outro importante ingrediente da produção de refugo humano e, na companhia do consumismo e da indiferença institucional, constituem um desalentador trinômio que forja compósitos diversificados de riscos e desastres inalcançáveis nas racionalidades compartimentalizadas das instituições públicas, impedidas de capturar e reagir apropriadamente a dimensões do problema que sequer estão municiadas para enxergar. Exercícios frequentes de composição de forças de diferentes atores, oriundos de comunidades políticas com experiências e repertórios distintos e dispostos a confrontar as suas noções de ordem social e de caos social, poderiam contribuir para atualizar as perspectivas da democracia e do autoritarismo no país; afinal, é sob o manto dessas perspectivas que os riscos de desastres são evitados ou se aninham.

Caos, em sua acepção teórica no âmbito das ciências matemáticas, diz respeito a uma sensibilidade às condições iniciais de um sistema dinâmico, isto é, refere-se a uma imprevisibilidade (Grebogi; Yorke, 1997). No âmbito da vida econômica, caos é um movimento numa direção imprevista, que foge do padrão esperado porque deixou escapar algo na compreensão de seus processos, tal como ocorre nas crises do capitalismo, no qual crises crônicas se arrastam e são banalizadas e, então, são surpreendidas por crises agudas, porque se deixou de perceber que as primeiras apontariam para as últimas (Touraine, 2011; Chowdhury; Žuk, 2018). Caos é a coisa fora do lugar, as funções desencaixadas dos propósitos a que se destinam, e, se essas coisas e funções não forem desnudadas, não há como o caos ser enfrentado (Giddens, 1997). Como processo social, é no cenário de caos que mais se produz o refugo humano, para então descartá-lo de vez, recrudescendo a indiferença social, que é o modo comportamental coletivo de assentir no padecimento daqueles que são considerados estranhos (Cohn, 2004). Embora não devesse ser uma opção civilizatória, a indiferença social tem sido frequentemente praticada como expressão social resignada a uma ordem institucional perversa e excludente.

Onde se espera inclusão social nas ações de proteção e defesa civil – por exemplo, nas comunidades periurbanas, cuja territorialidade dos residentes persiste dentro dos marcadores de exclusão social e sob a denominação de área de risco –, pairam nuvens de incertezas na vida dos empobrecidos (Cardoso, 2006), uma vez que o encontro da instituição com a sociedade local não põe em causa a pobreza. Insiste-se na adoção de soluções técnicas desumanamente denominadas como *remoção de famílias* e seus aparentados, como os sistemas de alerta que soam nas comunidades expostas a ameaças de todo tipo, para que os moradores corram para abrigos mal gerenciados, para fora do mundo, para que desapareçam de vista e parem de perturbar as instituições públicas, cujos gestores insistem em ignorá-los. Isso, definitivamente, não é proteção civil, mas sim um regime de poder que incrementa a própria crise.

O contexto da modernidade nos coloca, como indivíduos e instituições públicas, na imperiosa necessidade de distinguir entre escolhas e decisões, as primeiras referidas à esfera da vida cotidiana enquanto as segundas desenroladas sob relações de poder. No caso dos setores mais pobres da sociedade, eles "sofrem refração das relações de poder preexistentes" (Giddens, 1997, p. 95), e disso resulta a menor possibilidade de escolhas a que estão expostos. Isso converte em pó a segurança ontológica dos sujeitos desumanizados, uma vez que a redução do seu espectro de escolhas os condena à perda de autonomia para decidir sobre os rumos da ordem estabelecida que, então, se vê imune a contestações. Mas a manutenção do empobrecimento (econômico, político, social, das ideias, todos somados) é um modo de se flertar com o caos.

No Brasil, esse flerte já virou compromisso sério, sob o amparo de uma gestão pública obtusa. Essa é a tragédia, para além de todas as outras que são denominadas de desastre, que ora vivenciamos no país, sob o manto exasperado de decretos multiníveis de emergência que nos solicita autoconfrontação coletiva nessa história sem fim.

## Agradecimentos

Este texto sintetiza ideias centrais do conteúdo do módulo Riscos Sociais, ofertado pela autora no âmbito do Curso de Verão do Programa de Pós-Graduação em Geografia da Universidade Federal do Paraná (UFPR) em dezembro de 2019. A autora agradece ao Professor Francisco de Assis Mendonça pela oportunidade de desenrolar o referido módulo, bem como pelo privilégio de participar da presente publicação. Agradece, ainda, ao apoio do Conselho Nacional de Desenvolvimento Científico e Tecnológico (CNPq), Processo 310976/2017-0, e da Fundação de Amparo à Pesquisa do Estado de São Paulo (FAPESP), Processo 17/17224-0. Convém mencionar que considerações aqui feitas também foram fruto de uma trajetória de observação de longo tempo relacionada a atividades pregressas de pesquisa e de extensão, por meio dos seguintes apoios: CNPq, através dos projetos de pesquisa intitulados "Desastres no Brasil: uma análise socioespacial da vulnerabilidade institucional através da evolução da decretação municipal de situação de emergência (SE) e de estado de calamidade pública (ECP)", "Nos bastidores dos desastres: a vulnerabilidade institucional da defesa civil sob a ótica de grupos severamente afetados", e "Representações sociais dos abrigos temporários no Brasil: uma análise sociológica de base qualitativa da ótica dos gestores públicos e dos abrigados em contexto de desastre relacionado às chuvas"; FAPESP, através do projeto de pesquisa "Entre a poeira e a lama: repercussões dos desastres na vida cotidiana de grupos vulnerabilizados", processo 12/02919-9; e Conselho Federal de Psicologia – CFP-UFSCar, através do projeto "Abandonados nos desastres: uma análise sociológica de dimensões objetivas e simbólicas de afetação de grupos sociais desabrigados e desalojados", processo 23112.002141/2011-53. As opiniões, hipóteses e conclusões ou recomendações expressas neste material são de responsabilidade da autora e não necessariamente refletem a visão do CNPq, da FAPESP, do CFP e da UFSCar.

## Referências bibliográficas

ACEMOGLU, D.; ROBINSON, J. A. *Why Nations Fail*: The Origins of Power, Prosperity, and Poverty. London: Profile Books, 2012.

AMARAL, M. F. Periodismo: de los desastres a las vulnerabilidades y los riesgos. In: AMARAL, M. F.; ASCENCIO, C. L. (Org.). *Periodismo y desastres*: múltiples miradas. Barcelona: Editorial UOC, 2019.

ARENDT, H. *A vida do espírito*. 2ª ed. Rio de Janeiro: Civilização Brasileira, 2010.

ARENDT, H. *Origens do totalitarismo*. São Paulo: Companhia das Letras, 1989.

BAUMAN, Z. *Vidas desperdiçadas*. Rio de Janeiro: Jorge Zahar Ed., 2005.

BBC. Boris Johnson thanks NHS staff for coronavirus treatment. 12 de abril de 2020. Disponível em: <https://www.bbc.com/news/av/uk-52264247/boris-johnson-thanks-nhs-staff-for-coronavirus-treatment>. Acesso em: 20 abr. 2020.

BECK, U. *World Risk Society*. Malden and Cambridge: Polity Press, 1999.

BOIN, A.; EKENGREN, M.; RHINARD, M. *The EU as Crisis Manager*. Cambridge: Cambridge University Press, 2013.

BOURDIEU, P. *O poder simbólico*. 7ª ed. Rio de Janeiro: Bertrand Brasil, 2004.

BOURDIEU, P. *Os usos sociais da ciência* – por uma sociologia crítica do campo científico. São Paulo: Ed. Unesp, 2003.

CARDOSO, A. L. Risco urbano e moradia: a construção social do risco em uma favela do Rio de Janeiro. *Cadernos IPPUR*, v. 20, n. 1, p. 27-48, 2006.

CARDOSO, J. C.; SANTOS, E. A. V. PPA 2012-2015 Experimentalismo institucional e resistência burocrática. *Coleção pensamento estratégico, planejamento governamental & desenvolvimento no Brasil contemporâneo*, livro 2. Brasília: IPEA, 2015.

CHAYES, S. *Thieves of State*: Why Corruption Threatens Global Security. New York and London: W. W. Norton & Company, 2015.

CHOWDHURY, A.; ŽUK, P. From Crisis to Crisis: Capitalism, Chaos and Constant Unpredictability. *The Economic and Labour Relations Review*, v. 29, n. 4, p. 375-393, 2018. DOI: 10.1177/1035304618811263.

COHN, G. Indiferença, nova forma de barbárie. In: NOVAES, A. (Org.). *Civilização e barbárie*. São Paulo: Companhia das Letras, 2004. p. 81-90.

CYRANOSKI, D. Japan Faces Up to Failure of its Earthquake Preparations. *Nature*, n. 471, p. 556-557, 2011. DOI: 10.1038/471556a.

DOUGLAS, M. *Risk and Blame*. London: Routledge, 1992.

DOUGLAS, M.; WILDAVSKY, A. *Risk and Culture*: an Essay on the Selection of Technical and Environmental Dangers. Berkeley: University of California Press, 1982.

FREWER, L. F. Trust, Transparency, and Social Context: Implications for Social Amplification of Risk. In: PIDGEON, N.; KASPERSON, R. E.; SLOVIC, P. (Org.). *The Social Amplification of Risk*. Cambridge, UK: Cambridge University Press, 2003. p. 123-137.

GIDDENS, A. A vida em uma sociedade pós-tradicional. In: GIDDENS, A.; BECK, U.; LASH, S. (Org.). *Modernização reflexiva*: política, tradição e estética na ordem social moderna. São Paulo: Ed. Unesp, 1997. p. 73-133.

GREBOGI, C.; YORKE, J. A. *The Impact of Chaos on Science and Society*. Tokyo: United Nations University Press, 1997.

KOWARICK, L. *Viver em risco*: sobre a vulnerabilidade socioeconômica e civil. São Paulo: Editora 34, 2009.

LINDELL, M. K.; PERRY, R. W. *Communicating Environmental Risk in Multiethnic Communities*. Thousand Oaks, CA (EUA): Sage, 2004.

LISBOA, M. Em nome do desenvolvimento: um fundamento pouco sólido para resolução de conflitos. In: ZHOURI, A.; VALENCIO, N. (Org.). *Formas de matar, de morrer e de resistir*: limites da resolução negociada de conflitos ambientais. Belo Horizonte: Ed. UFMG, 2014. p. 51-78.

MELLO, C. C. A.; LISBOA, M. Relatoria do Direito Humano ao Meio Ambiente da Plataforma DHESCA: um novo campo de possíveis. *Estudos Sociológicos*, v. 18, n. 35, p. 367-384, jul.-dez. 2013.

MENEZES, L. S. *Pânico*: efeito do desamparo a contemporaneidade. São Paulo: Annablume, 2005.

MILANEZ, B.; MAGNO, L.; PINTO, R. G. Da política fraca à política privada: o papel do setor mineral nas mudanças da política ambiental em Minas Gerais. *Cad. Saúde Pública*, Rio de Janeiro, v. 35, n. 5, 2019. Disponível em: <http://www.scielo.br/scielo.php?script=sci_arttext&pid=S0102-311X2019000600501&lng=en&nrm=iso>. Acesso em: 9 jul. 2020.

MORIN, E. *On Complexity*. Cresskill, NJ: Hamptom Press, 2008.

MYTHEN, G.; WALKLATE, S. *Beyond the Risk Society*: Critical Reflections on Risk and Human Security. Berkshire: Open University Press, 2006.

NOTARI, M. B. A cidadania e o direito a ter direitos no pensamento de Hannah Arendt. *JURIS – Revista da Faculdade de Direito*, v. 29, n. 2, p. 201-222, 2019. Disponível em: <https://periodicos.furg.br/juris/article/view/9083/7375>. Acesso em: 30 jul. 2020.

PORTELLA, S.; OLIVEIRA, S. Vulnerabilidades deslocadas e acirradas pelas políticas de habitação: a experiência do Terra Nova. In: MARCHEZINI et al. (Org.). *Redução de vulnerabilidade a desastres*: do conhecimento à ação. São Carlos: RiMa, 2017. p. 126-134.

QUARANTELLI, E. L. A Social Science Research Agenda for the Disasters of the 21st Century: Theoretical, Methodological, and Empirical Issues and their Professional Implementation. In: PERRY, R. W.; QUARANTELLI, E. L. (Org.). *What is a Disaster? New Answers to Old Questions*. Newark, DE (EUA): International Research Committee on Disasters, 2005. p. 325-396.

QUARANTELLI, E. L. Epilogue. In: QUARANTELLI, E. L. (Org.). *What is a Disaster? Perspectives on the Question*. London, New York: Routledge, 1998. p. 234-273.

SANTOS, M. *Metamorfoses do espaço habitado*: fundamentos teóricos e metodológicos da Geografia. 4ª ed. São Paulo, 1996.

SOUSA SANTOS, B. *Pela mão de Alice*: o social e o político na pós-modernidade. 9ª ed. São Paulo: Cortez, 2003.

SOUZA, J. *A elite do atraso*. Rio de Janeiro: GTM Editores Ltda., 2019.

TADDEI, R. *Meteorologistas e profetas da chuva*: conhecimentos, práticas e políticas da atmosfera. São Paulo: Terceiro Nome, 2017.

THE GUARDIAN. Tony Blair: 'I express more sorrow, regret and apology than you can ever believe'. Quarta-feira, 6 de julho de 2016. Disponível em: <https://www.theguardian.com/uk-news/2016/jul/06/tony-blair-deliberately-exaggerated--threat-from-iraq-chilcot-report-war-inquiry>. Acesso em: 19 mar. 2020.

THE WORLD BANK; THE UNITED NATIONS. *Natural Hazards, Unnatural Disasters*: The Economics of Effective Prevention. Washington DC: The World Bank, 2010. Disponível em: <https://biotech.law.lsu.edu/climate/docs/NHUD-Report_Full.pdf>. Acesso em: 25 abr. 2020.

TOURAINE, A. *Após a crise*. Petrópolis: Vozes, 2011.

VALENCIO, N. Desastres relacionados à água e mudança de paradigma. *Desafios do Desenvolvimento*. Ano 10, edição 80. Brasília: IPEA, 2014. Disponível em: <https://www.ipea.gov.br/desafios/index.php?option=com_content&view=article&id=3056&catid=29&Itemid=34>. Acesso em: 30 jun. 2020.

VALENCIO, N. *Para além do "dia do desastre"*: o caso brasileiro. Coleção Ciências Sociais. Curitiba: Appris, 2012.

VALENCIO, N. Vivência de um desastre: uma análise sociológica das dimensões políticas e psicossociais envolvidas no colapso de barragens. In: VALENCIO et al. (Org.). *Sociologia dos desastres*: construção, interfaces e perspectivas. São Carlos: RiMa, 2009. p. 176-196. Disponível em: <http://www.crpsp.org.br/portal/comunicacao/diversos/mini_cd_oficinas/pdfs/Livro-Sociologia-Dos-Desastres.pdf>. Acesso em: 12 jun. 2020.

VALENCIO, N.; VALENCIO, A. Crises conectadas: antecedentes e desdobramentos sociais de uma crise sanitária no Brasil. In: VALENCIO, N.; OLIVEIRA, C. M. (Org.). *COVID-19*: crimes entremeados no contexto de pandemia (antecedentes, cenários e recomendações). 2020. p. 425-447.

VALENCIO, N.; VALENCIO, A. Media Coverage of the "UK flooding crisis": A Social Panorama. *Disasters*, v. 42, n. 3, p. 407-431, 2018. DOI: 10.1111/disa.12255.

VALENCIO, N.; VALENCIO, A. Vulnerability as Social Oppression: The Traps of Risk-prevention Actions. In: MARCHEZINI; WISNER, B.; LONDE, L.; SAITO, S. (Org.). *Reduction on Vulnerability on Disasters*: From Knowledge to Action. São Carlos: RiMa, 2017. p. 115-141.

VALENCIO, N.; SIENA, M.; MARCHEZINI, V. *Abandonados nos desastres*: uma análise sociológica de dimensões objetivas e simbólicas de afetação de grupos sociais desabrigados e desalojados. Brasília: Conselho Federal de Psicologia, 2011.

VASILYEVA, M. Beirut's Accidental Cargo: How an Unscheduled Port Visit Led to Disaster. *Reuters*. Quinta-feira, 6 de agosto de 2020. Disponível em: <https://www.reuters.com/article/us-lebanon-security-blast-ship/beiruts-accidental-cargo-how-an-unscheduled-port-visit-led-to-disaster-idUSKCN25225M>. Acesso em: 6 ago. 2020.

VENTURATO, D.; VALENCIO, N. A alagação ofende: considerações sociológicas acerca de um desastre silente no Alto Juruá, Acre, Brasil. *Cadernos NAEA*, v. 17, p. 239-264, 2014.

| Risco híbrido |
|---|
| Riscos híbridos: têm origem na associação entre dois ou mais riscos específicos (naturais, sociais, tecnológicos etc.), sendo intensificados pela imbricação de elementos e fatores diversos.<br>Exemplos: inundações, secas, tremores de terra etc. (têm origem natural e são intensificados pelos riscos sociais e/ou tecnológicos); transporte de combustíveis, redes de transmissão de energia etc. (têm origem tecnológica e são intensificados pelos riscos sociais e/ou naturais); fome, violência etc. (têm origem social e são intensificados pelos riscos naturais e/ou tecnológicos). |

| | |
|---|---|
| | **Riscos naturais:** tem origem em eventos extremos da natureza (climáticos, geológicos, pedológicos, hídricos, etc., isolados ou combinados) e se apresentam como ameaças e/ou perigos aos grupos humanos a eles expostos.<br>Exemplos: inundações, movimentos de solo, secas, tremores de terra, etc. |
|  | **Riscos tecnológicos:** têm origem em acidentes tecnológicos derivados do mau funcionamento de processos produtivos gerais (indústria, agricultura, telecomunicação, produção de energia, transporte etc., isolados ou combinados) e se apresentam como ameaças e/ou perigos aos grupos humanos a eles expostos.<br>Exemplos: transporte de produtos químicos, redes de distribuição de energia, aviação etc. |
|  | **Riscos sociais:** têm origem em eventos derivados de conflitos ou crises sociais (socioeconômicos, políticos, culturais, esportivos, etc., isolados ou combinados) e se apresentam como ameaças e/ou perigos aos grupos humanos a eles expostos.<br>Exemplos: fome, violência, guerra etc. |

FIG. 1.2  *Risco híbrido no contexto dos demais tipos de riscos*

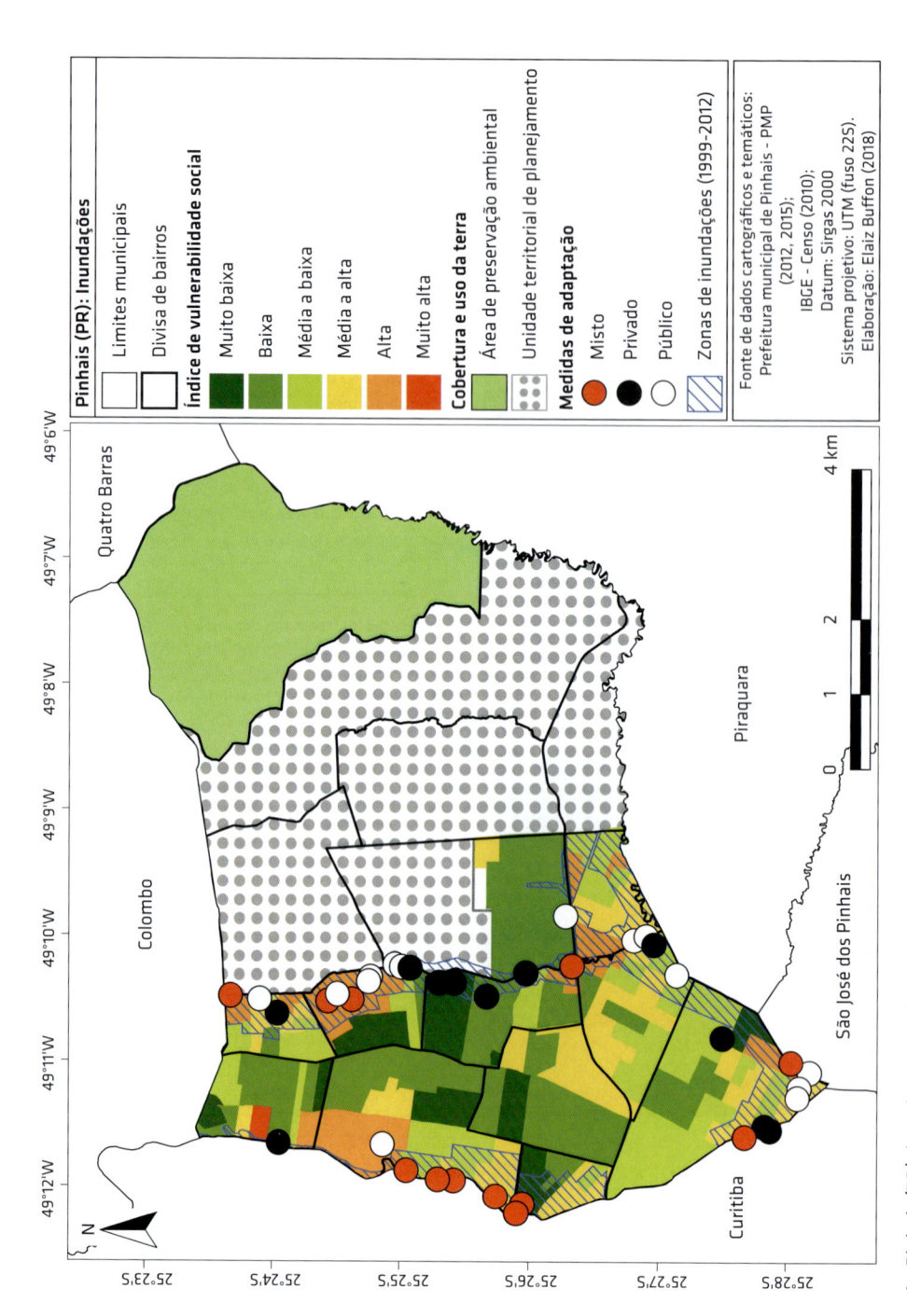

FIG. 1.6   Pinhais (PR): inundações em áreas urbanas, vulnerabilidade social e medidas de adaptação urbana implementados pela iniciativa pública e privada

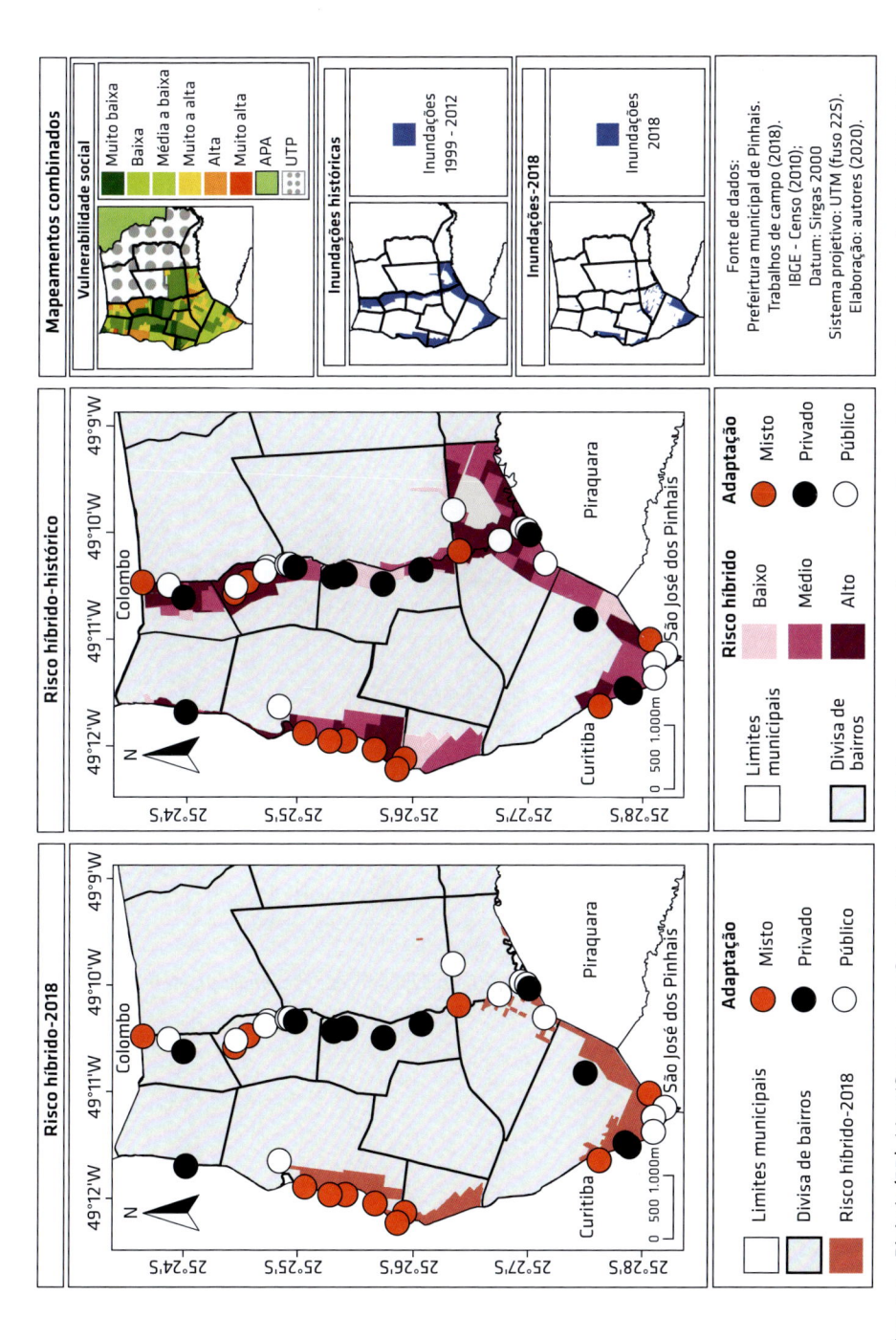

FIG. 1.7 *Pinhais (PR): identificação e configuração do risco híbrido, considerando as áreas historicamente afetadas por inundações (1999-2012) e a atualização em 2018*

FIG. 1.8 *Pinhais (PR): mapeamento de áreas de risco à inundações com indicação de de dois exemplos de medidas de adaptação na área urbana*

FIG. 1.9 *Pinhais (PR): eventos e áreas de inundações revelando o caráter de risco híbrido. Nesse exemplo, observa-se a gênese do risco num evento natural extremo (chuva concentrada) associado a uma localidade com relevo plano e com ocupação urbana (risco social), o que demarca o risco híbrido, pois somente o evento extremo associado à área de espraiamento das águas pluviais sem a ocupação humana do lugar não configuraria risco*

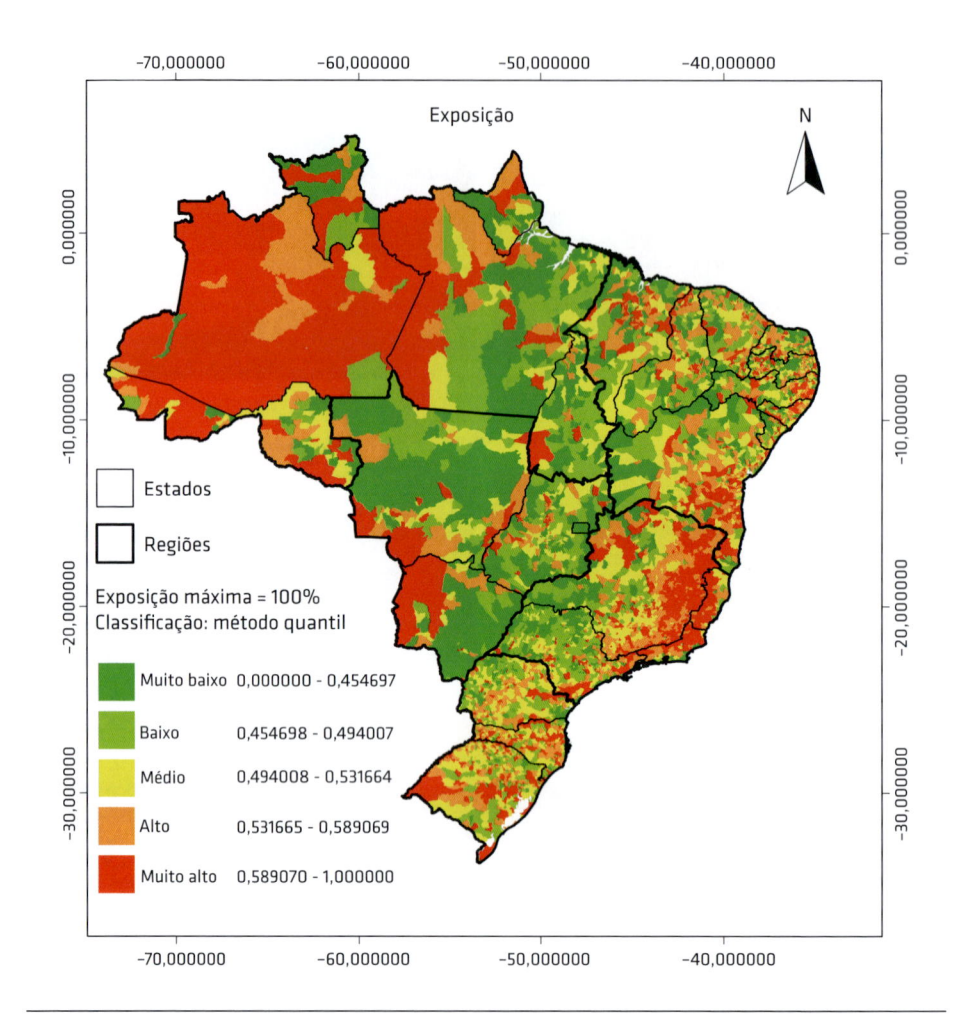

FIG. 2.4  *Mapa de exposição aos perigos naturais no Brasil*

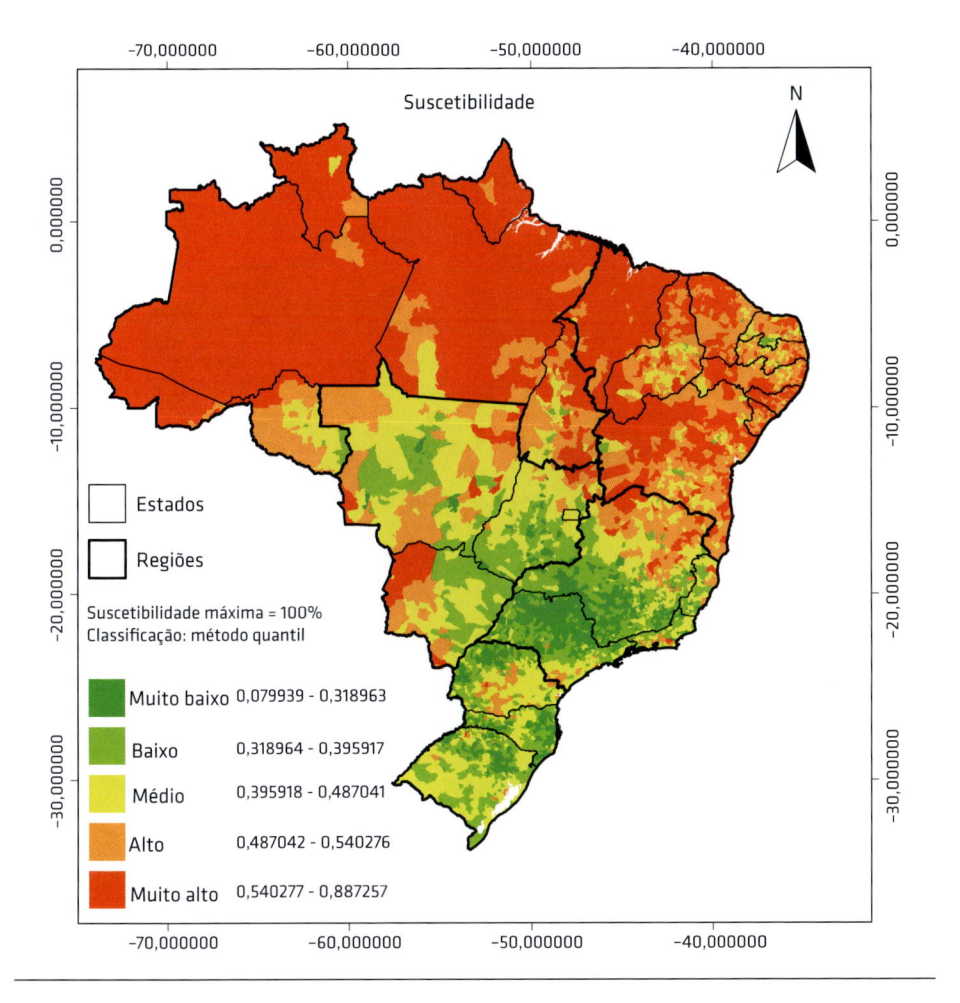

FIG. 2.5  *Mapa de susceptibilidade*

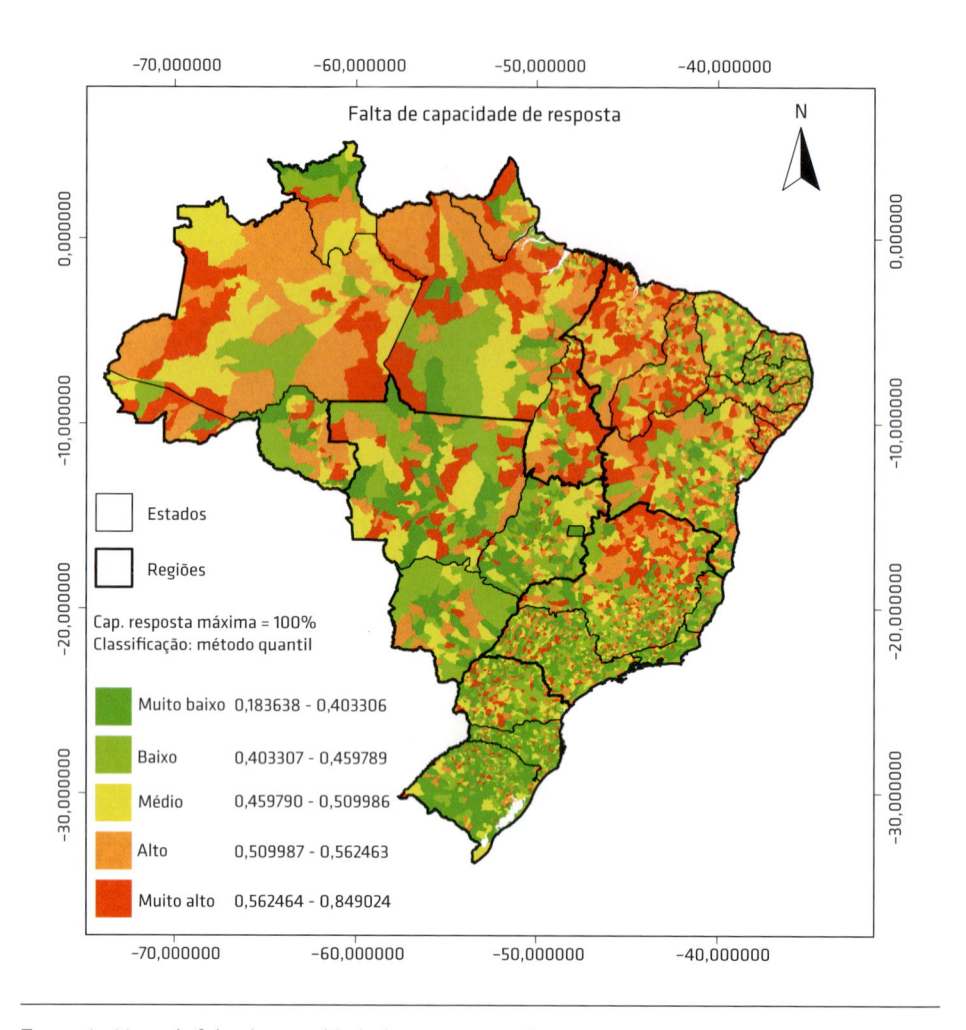

FIG. 2.6  *Mapa de falta de capacidade de resposta aos desastres*

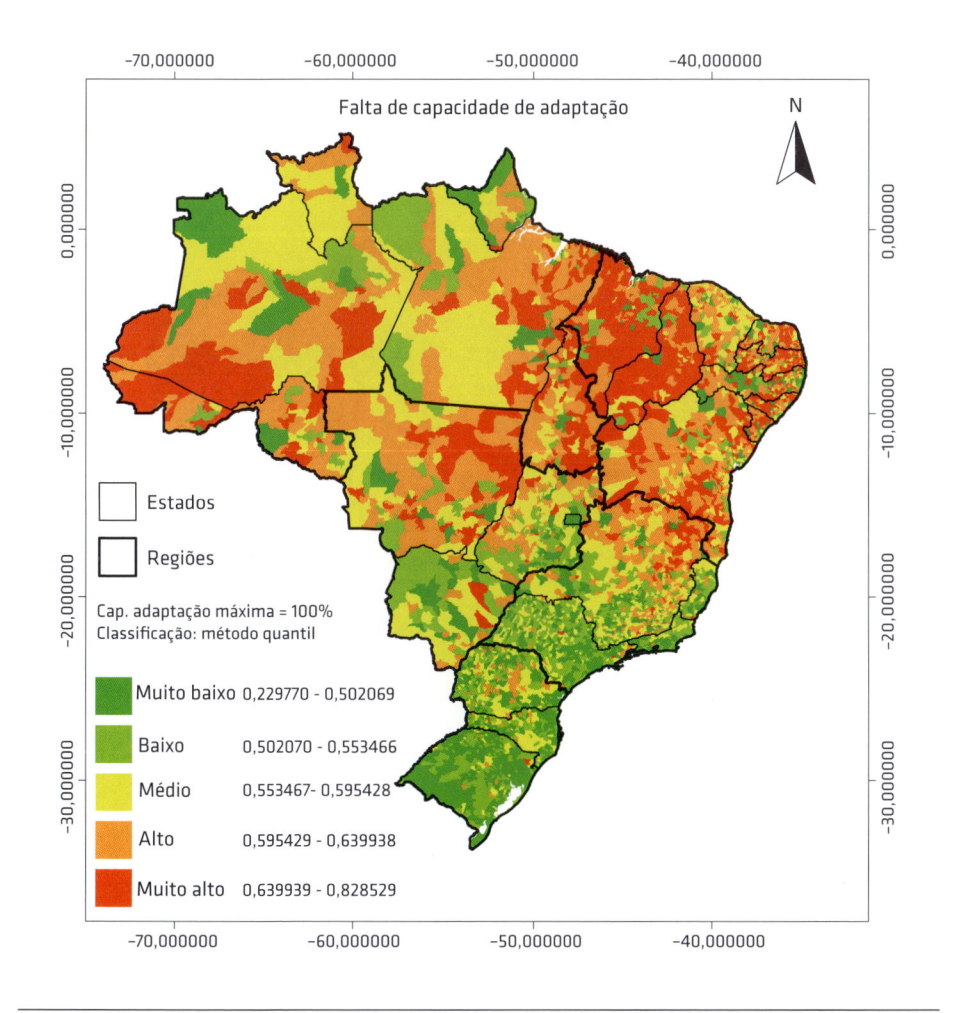

FIG. 2.7  *Mapa de falta de capacidade de adaptação às consequências geradas por desastres e mudanças climáticas*

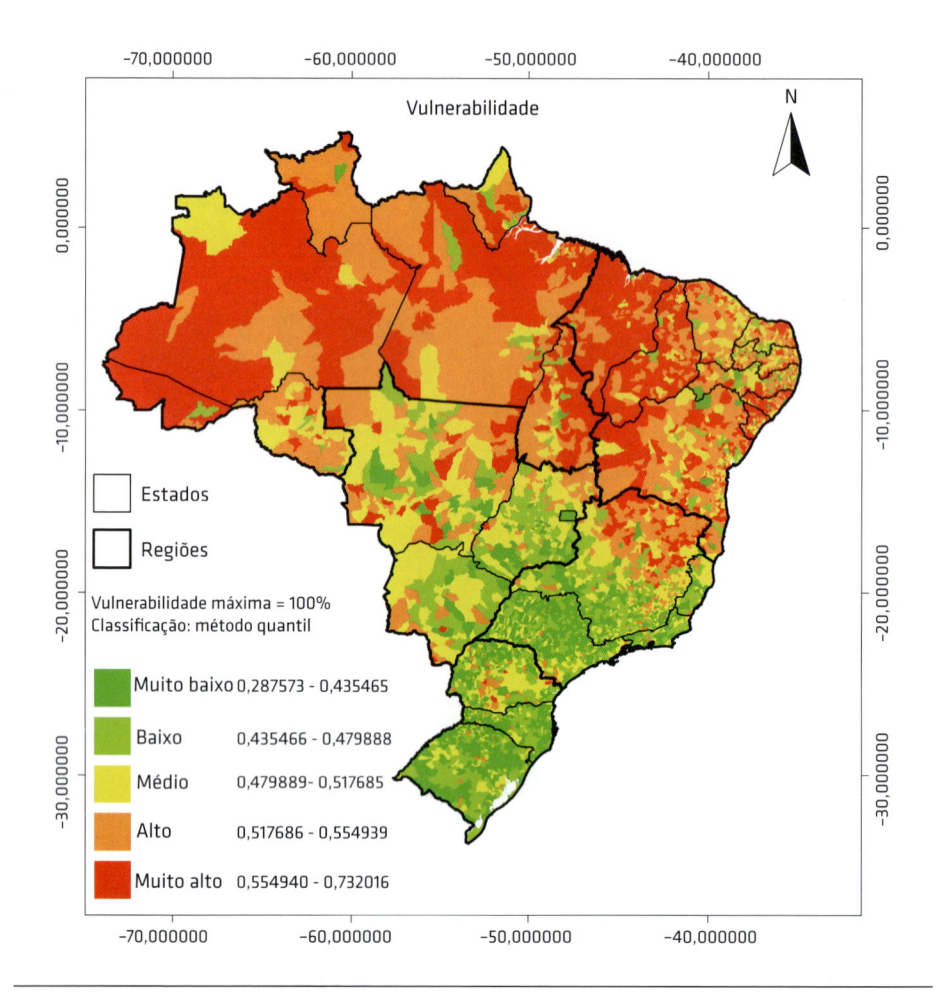

FIG. 2.8 *Mapa de vulnerabilidade aos desastres no Brasil*

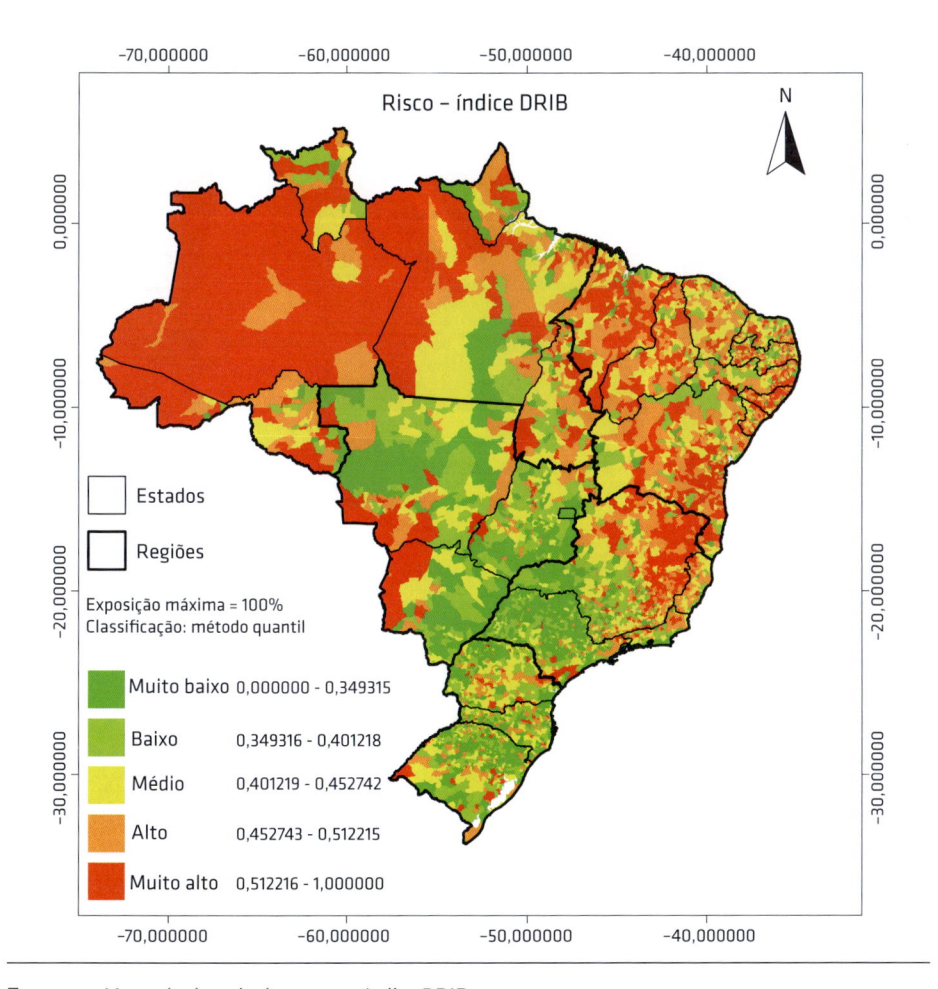

FIG. 2.9   *Mapa de risco de desastres – índice DRIB*

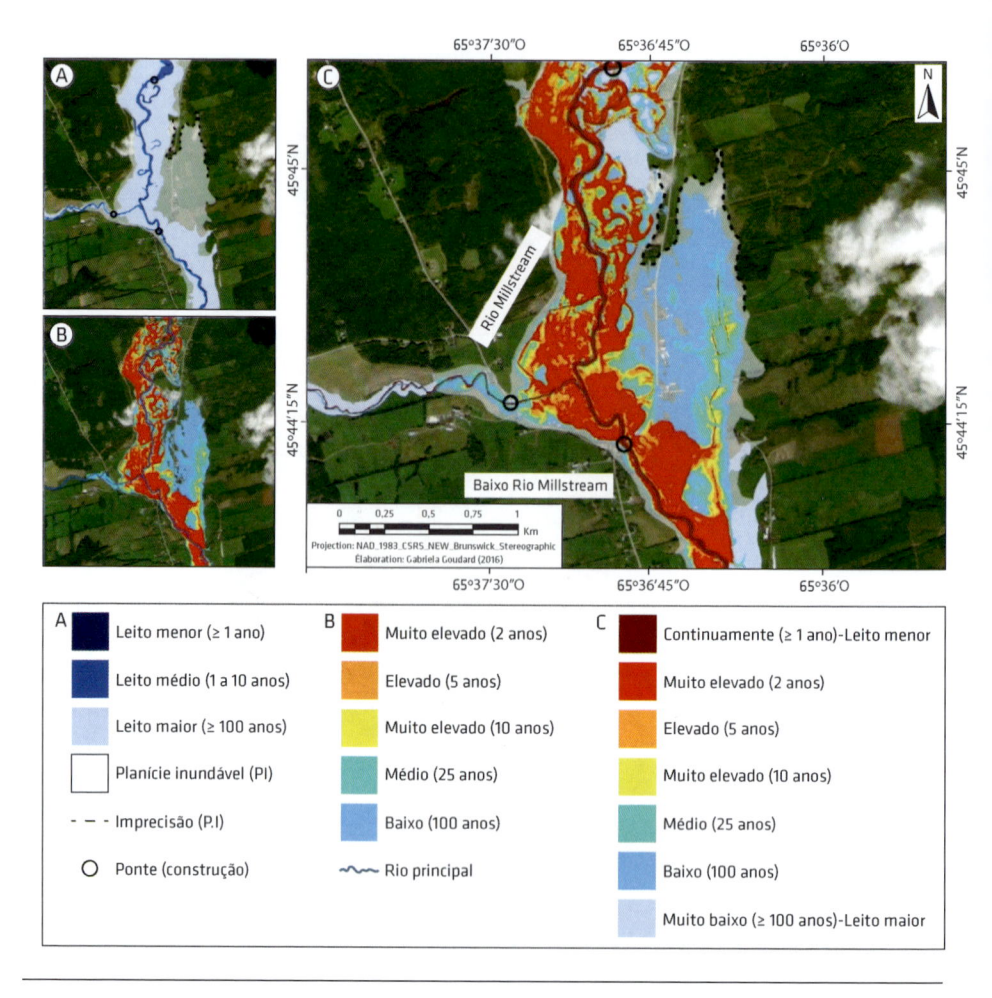

FIG. 3.3  *Mapa das zonas de inundação na área de Sussex produzido a partir da abordagem hidrogeomorfológica (A), do modelo hidráulico HEC-RAS (B), e ao combinar essas duas abordagens (C)*

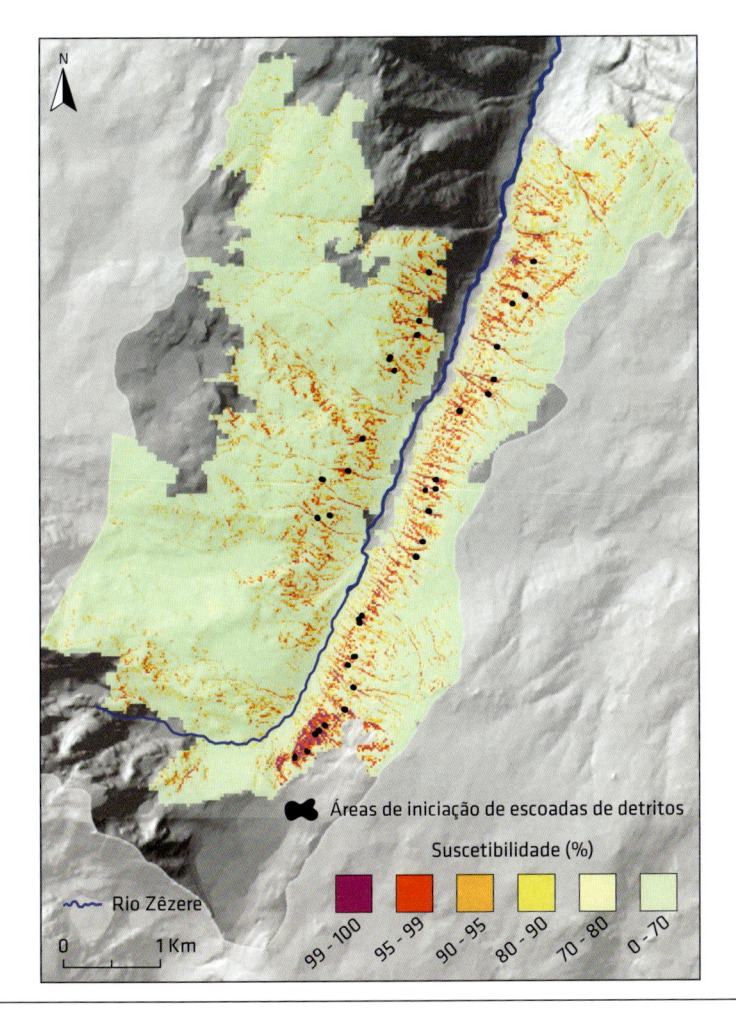

Fig. 4.7 Avaliação da suscetibilidade à ocorrência de áreas de ruptura de escoadas de detritos por meio de método estatístico bivariado (valor informativo)
Fonte: Melo e Zêzere (2017b).

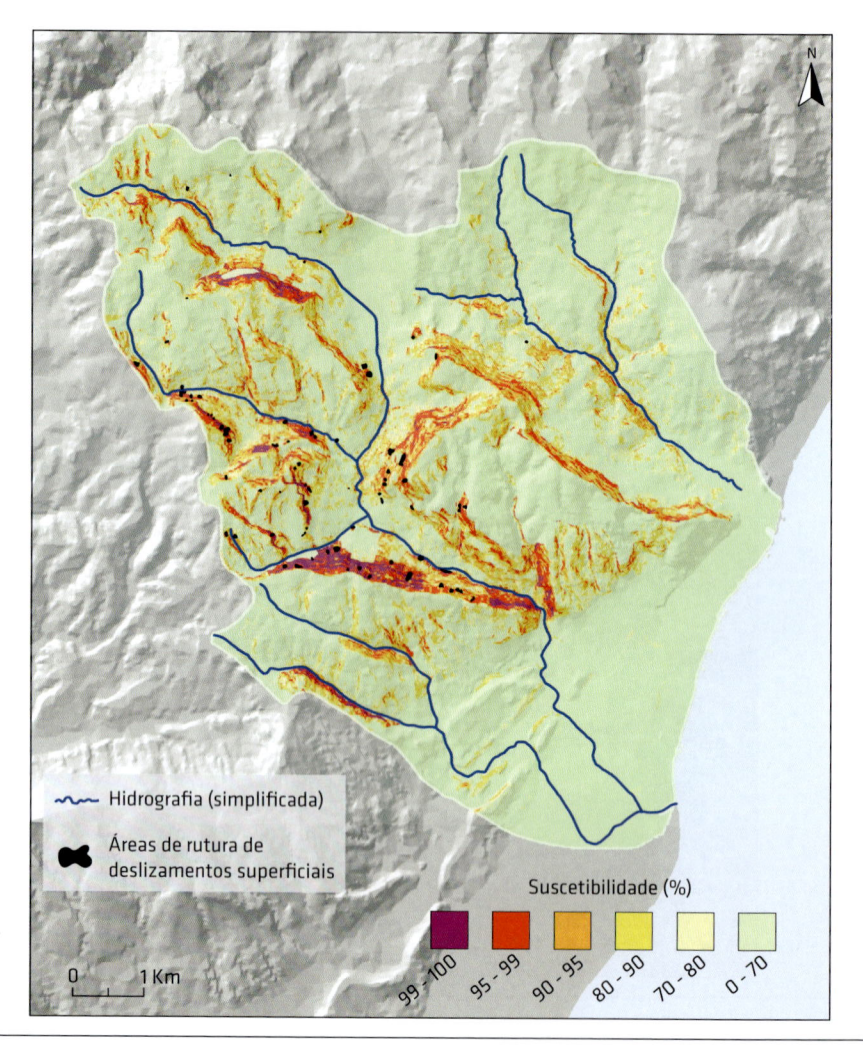

FIG. 4.8 *Avaliação da suscetibilidade à ocorrência de áreas de deslizamentos superficiais por meio de método estatístico multivariado (regressão logística)*
Fonte: Melo et al. (2019).

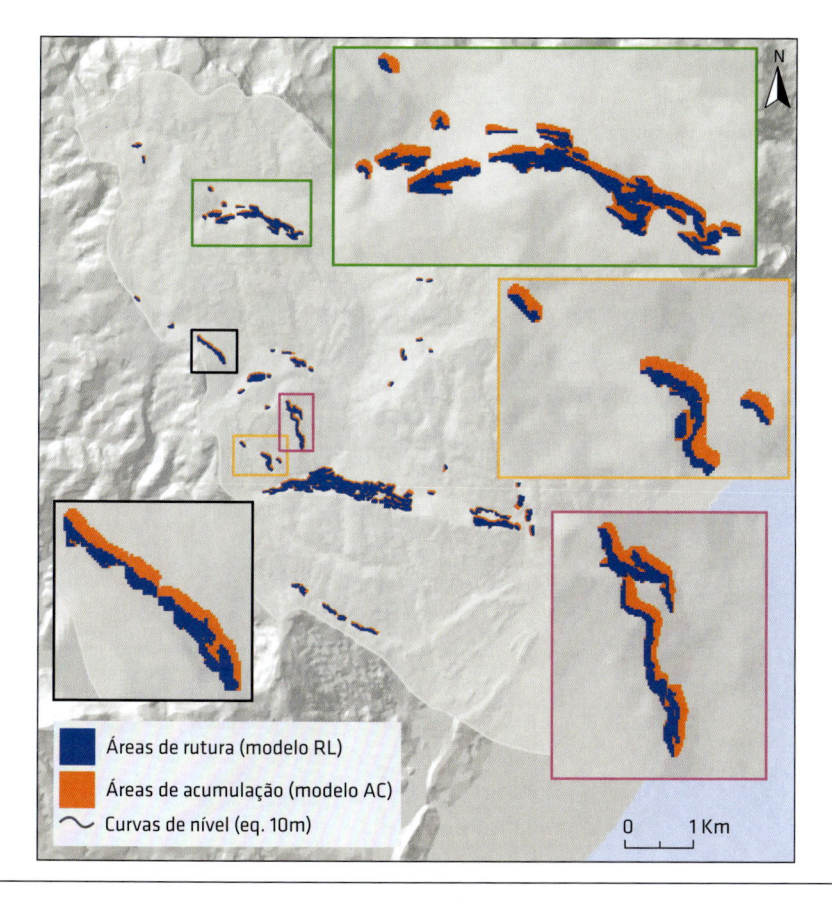

Fig. 4.9 *Modelação da propagação de deslizamentos superficiais, à escala da bacia hidrográfica, com base num modelo de autómatos celulares*
Fonte: Melo et al. (2019).

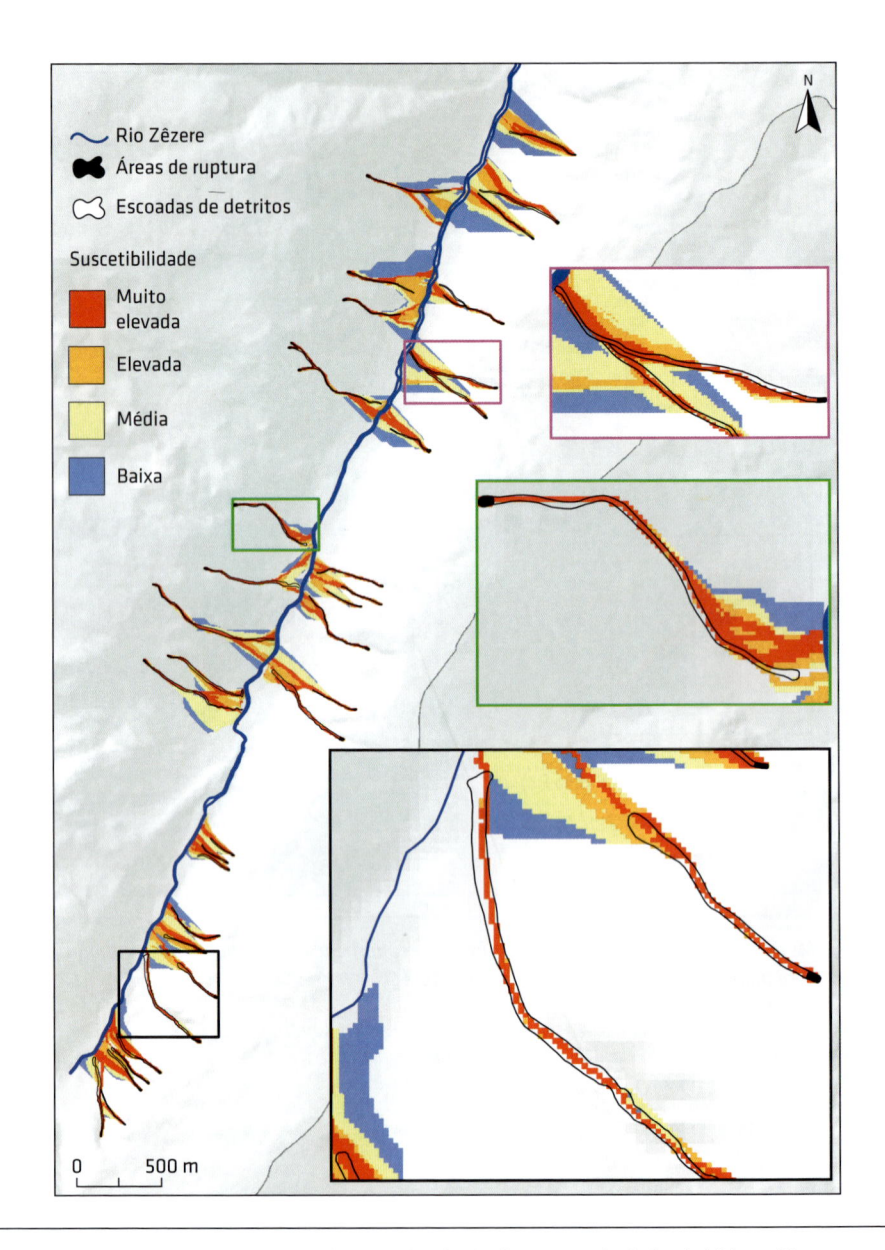

FIG. 4.10 *Modelação da propagação de escoadas de detritos, à escala da bacia hidrográfica, com base num modelo hidrológico simples*
Fonte: Melo e Zêzere (2017a).

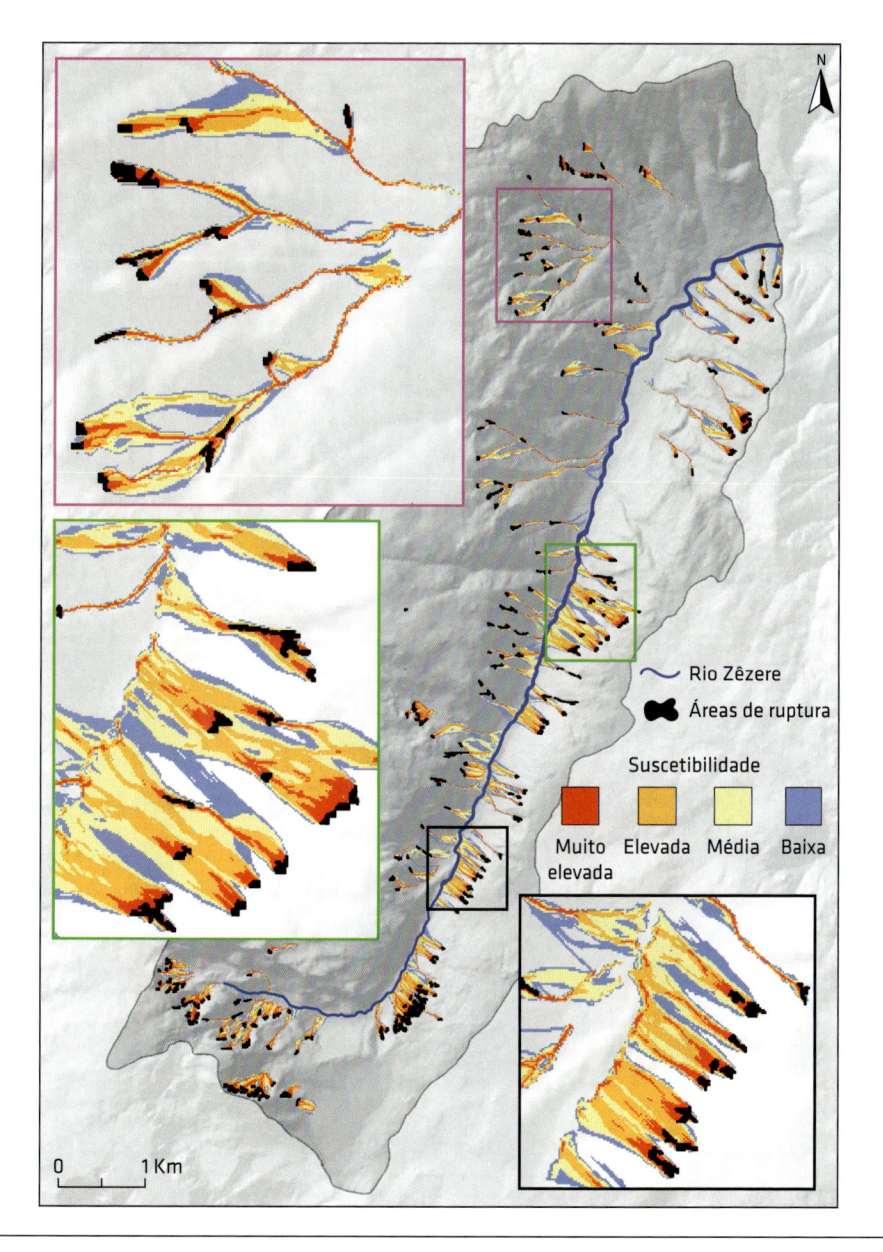

**Fig. 4.11** *Modelação da propagação de escoadas de detritos, à escala da bacia hidrográfica, com base no modelo empírico Flow-R*
Fonte: Melo e Zêzere (2017b).

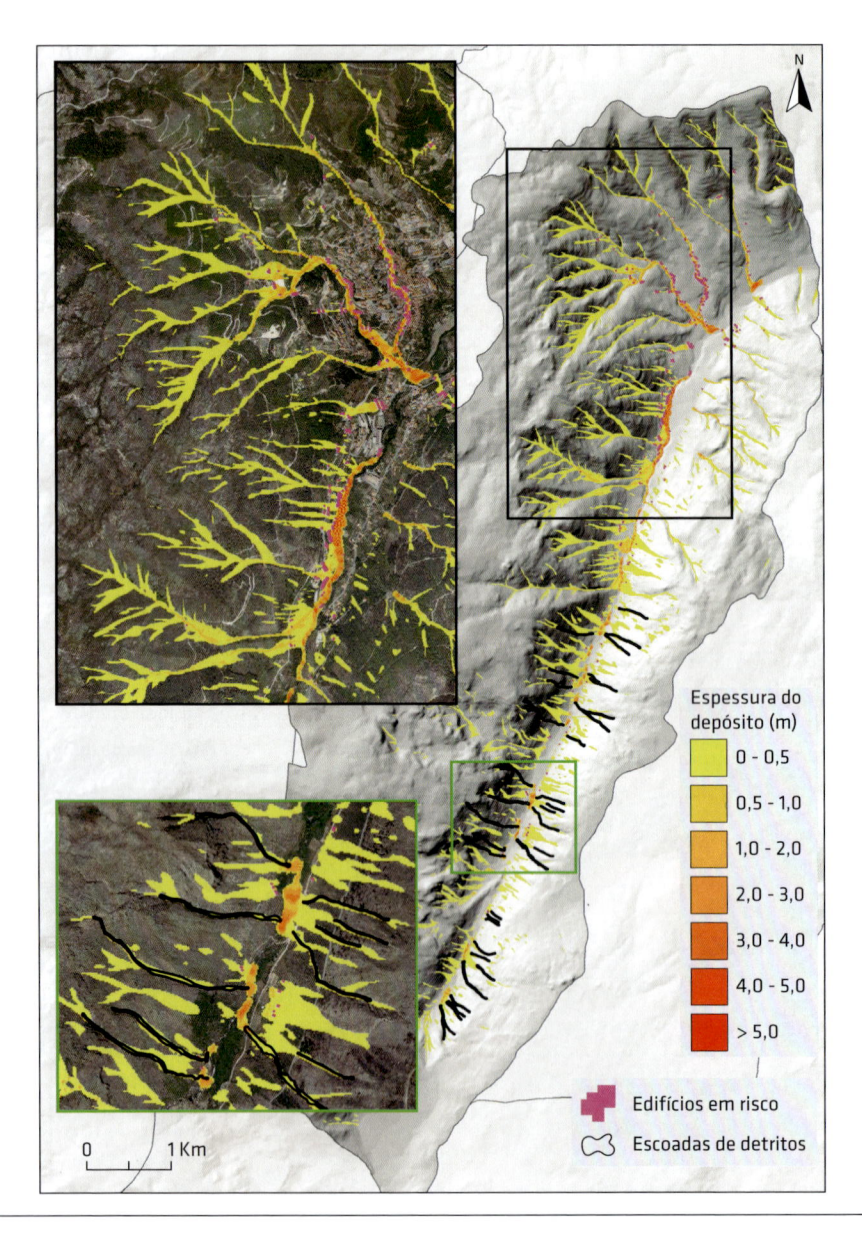

**Fig. 4.12** *Modelação da propagação de escoadas de detritos, à escala da bacia hidrográfica, com base no modelo dinâmico a 2D*
Fonte: Melo, Van Asch e Zêzere (2018).